U0183134

低品位能源利用

——煤矿乏风瓦斯热逆流氧化理论与技术

刘永启　毛明明　齐晓霓　王延遐　刘瑞祥　著

科学出版社

北 京

内 容 简 介

本书介绍煤矿乏风瓦斯热逆流氧化和回收热量利用的理论、方法与技术。全书分为九章：第一章为绪论，介绍煤矿乏风瓦斯利用技术发展现状和热逆流氧化技术各装置的功用；第二章至第五章介绍热逆流氧化机理、蓄热氧化床的阻力特性、蜂窝陶瓷的传热特性、蓄热蜂窝陶瓷的热震特性；第六章至第九章介绍氧化装置的加热起动性能、氧化床的流动分配特性、乏风逆流氧化的取热特性和氧化装置的换向控制技术。

本书可供从事煤矿乏风瓦斯回收利用理论研究与技术开发的科技人员参考，也可以作为相关专业研究生的教材。

图书在版编目(CIP)数据

低品位能源利用：煤矿乏风瓦斯热逆流氧化理论与技术 / 刘永启等著. —北京：科学出版社，2021.4
ISBN 978-7-03-068305-2

Ⅰ.①低… Ⅱ.①刘… Ⅲ.①煤矿－瓦斯利用－传热性质－研究 Ⅳ.①TD712

中国版本图书馆 CIP 数据核字（2021）第 043557 号

责任编辑：邓 静 张丽花 / 责任校对：王 瑞
责任印制：张 伟 / 封面设计：迷底书装

科 学 出 版 社 出版
北京东黄城根北街 16 号
邮政编码：100717
http://www.sciencep.com

北京建宏印刷有限公司 印刷
科学出版社发行 各地新华书店经销
*
2021 年 4 月第 一 版 开本：720×1000 1/16
2021 年 4 月第一次印刷 印张：14 1/2
字数：300 000
定价：98.00 元
（如有印装质量问题，我社负责调换）

前　言

能源作为支撑现代化社会发展和人类文明进步的基本物质保障,是实现可持续发展的重要战略资源。我国始终坚持把能源发展战略置于国家发展战略的关键位置。由资源条件所决定,我国是一个以煤炭为主要能源的国家,预计到 21 世纪中叶,煤炭作为我国第一能源的地位不会改变。

瓦斯是煤层伴生气,主要成分为甲烷,属非常规天然气,是优质的能源和化工原料。但是为了保证煤炭安全开采、避免瓦斯爆炸,通常采用通风系统直接将瓦斯排到大气中,造成能源浪费和温室气体排放。热逆流氧化技术可以将煤矿乏风瓦斯热氧化成二氧化碳和水,回收并利用氧化放热,变废为宝。该技术已经较为成熟,在我国很多煤矿进行了应用。出版一部关于煤矿乏风瓦斯热逆流氧化理论与技术的著作,将为我国大规模利用煤矿乏风瓦斯提供理论和技术支撑。

本书综合了作者所在团队近 15 年的研究成果,向读者展示了煤矿乏风瓦斯热逆流氧化和回收热量利用的理论、方法和技术,其内容主要包括热逆流氧化机理、氧化床的工作特性和耐热冲击性能、氧化装置的加热起动性能、氧化床的流动分配特性、乏风逆流氧化的取热特性和氧化装置的换向控制技术等,涵盖了煤矿乏风瓦斯热逆流氧化技术的主要系统。

本书第一章和第六章由刘永启著写,第二章和第三章由齐晓霓著写,第四章和第七章由毛明明著写,第五章由王延遐著写,第八章由孙鹏著写,第九章由刘瑞祥著写。在本书编写过程中,得到了郑文武、高振强、石月月、周俞琪、高海波、史俊瑞的相关帮助,在此深表谢意。特别感谢国家高技术研究发展计划(863 计划)重点项目(2009AA063202)和山东省自然科学基金项目(ZR2009FQ023、ZR2011EL017、ZR2013EEQ008、ZR2018MEE006)的资助。

煤矿乏风瓦斯热逆流氧化利用技术研究正兴,许多问题尚待解决。受作者水平的限制,本书难免存在一些疏漏,敬请读者给予批评指正。

作　者

2020 年 8 月

目　　录

第一章 绪 论

第一节 煤矿乏风瓦斯利用的意义

能源是关系我国经济社会发展全局的一个重大战略问题，是我国经济和社会持续发展的命脉与基础。由资源条件所决定，我国是一个以煤炭为主要能源的国家，预计到 21 世纪中叶，我国煤炭作为第一能源的地位不会改变。

煤层气（Coalbed Methane）俗称瓦斯（Gas），是指储存在煤层中以甲烷为主要成分、以吸附在煤基质颗粒表面为主、部分游离于煤孔隙中或溶解于煤层水中的烃类气体，是煤的伴生矿产资源，属于非常规天然气，是洁净、优质的能源和化工原料。

采煤时，瓦斯会从煤岩裂缝中释放出来。当矿井空气中瓦斯浓度达到 5%～16% 时，遇明火就会爆炸，这是煤矿瓦斯爆炸事故的根源。这些事故造成了重大的人员伤亡和经济损失，煤矿安全生产成为社会重点关注的热点之一。在采煤之前如果先抽采煤层气，既可以充分利用这一资源，又可以有效降低瓦斯爆炸事故发生的概率。因此，国家推行了"先抽后采、以抽定采"的煤矿安全生产措施。但是，在抽采后，矿井中的瓦斯浓度仍然可能达到爆炸浓度，还有可能发生瓦斯爆炸事故。

为了提高煤矿生产安全性，通常采用通风系统将矿井中的瓦斯排到大气中，这种措施称为煤矿乏风（Ventilation Air Methane，VAM）。大部分煤矿都没有回收和处理煤矿乏风中的甲烷，而是直接将其排放到大气中，这不仅造成了不可再生资源的严重浪费，也带来了严重的环境污染问题。甲烷是一种具有强烈温室效应的气体，其温室效应是二氧化碳的 21 倍，对大气臭氧层的破坏能力为二氧化碳的 7 倍。中国是煤炭生产大国，每年因采煤排放的甲烷在 200 亿 m^3 以上，占世界采煤排放甲烷总量的 45%，超过西气东输的天然气总量。其中，150 多亿 m^3 甲烷通过煤矿乏风排入大气[1]。如果将煤矿乏风中的瓦斯全部利用起来，可节约 1200 万 t 标准煤，可以减排 3 亿 t 当量二氧化碳，完成我国二氧化碳减排量的 3.5%[2,3]。因此，治理和利用煤矿乏风瓦斯，是我国充分利用能源、保护大气环境的需要，也是建立创新型国家的重要措施，对国家经济社会可持续发展、构建和谐社会具有重大意义。

第二节　煤矿乏风瓦斯利用技术

煤矿乏风具有以下三个特点：①乏风量巨大，一个典型煤矿主排风口的乏风量为600000～1000000m³/h；②煤矿乏风中的瓦斯浓度非常低，一般为0.1%～0.75%；③乏风量、瓦斯浓度波动范围大。这些特点决定了很难利用传统燃烧器直接对乏风瓦斯进行燃烧。研发煤矿乏风瓦斯高效利用技术已成为很多发达国家实现能源可持续发展和保护环境战略的重要组成部分。大规模、低成本地治理和利用乏风瓦斯，回收乏风瓦斯的能量，并实现采煤甲烷零排放，已经成为必然趋势。

煤矿乏风瓦斯浓度低是制约其利用的主要难题，其技术也都是围绕如何规模化治理和利用乏风瓦斯开展的，目前利用方法有作为辅助燃料和主燃料使用两类。煤矿乏风瓦斯作为辅助燃料，可取代空气用于内燃机和燃气轮机的进气或锅炉的进风，节约部分主燃料。煤矿乏风瓦斯作为辅助燃料在技术上是可行的，但是煤矿乏风瓦斯的利用量非常有限。

煤矿乏风瓦斯作为主燃料利用，大致可分为热逆流氧化(Thermal Flow-Reversal Reactor，TFRR)、催化逆流氧化(Catalytic Flow-Reversal Reactor，CFRR)、旋转蓄热氧化(Rotary Regenerative Thermal Oxidizer，RRTO)、稀燃涡轮燃烧和预热催化氧化等技术。

一、热逆流氧化技术

TFRR的工作原理如下[4]：首先将蓄热氧化床加热到甲烷氧化温度(900℃左右)，然后停止加热。煤矿乏风以一个方向流入氧化床，气体被氧化床加热，温度不断升高，直至甲烷氧化、放热。氧化后的热气体继续向前移动，把热量传递给氧化床而逐渐降温。随着乏风气体的不断进入，氧化床入口侧温度逐渐降低，出口侧温度逐渐升高，直至气体流动在控制系统控制下自动换向。该技术的关键是要将送入氧化床中的气体不断变换流动方向，使气体在氧化床中吸热升温，以保证氧化过程的自维持，如图1.1所示。

MEGTEC公司于1994年在英国一个煤矿安装了一套实验装置，其煤矿乏风的瓦斯浓度为0.3%～0.6%，流量为8000m³/h。该项目证实了利用TFRR技术氧化煤矿乏风瓦斯和回收其中热量的可行性。2001年第二套实验装置安装在澳大利亚必和必拓公司(BHP Billiton)的Applin煤矿，进行工业示范性运行达一年之久。该煤矿乏风中的瓦斯浓度高达1%，热逆流反应器的甲烷氧化率为95%，能量回收率为80%，用于生产热水。2004年澳大利亚必和必拓公司在West Cliff煤矿安装了4套MEGTEC公司的热逆流反应器，首次进行商业化运作。该项目通过氧化床内置换热器生产过热蒸汽，推动蒸汽涡轮发电机组发电。考虑到安全稳定运行的需要，氧化床内置的换热器构成传统蒸汽锅炉的一部分。发电蒸汽循环系统的其他部件都采用传统技术。该项目于 2007 年初开始运行，可以将 West Cliff 煤矿大约 20%的煤矿乏风转化为有用的能源，发电能力为 5MW，这是世界上首个利用煤矿乏风瓦斯发电的大型项目[5]。

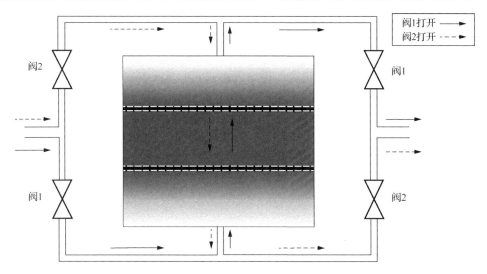

图 1.1　TFRR 工作原理示意图

我国对煤矿乏风瓦斯利用技术的研究起步较晚。2005 年山东理工大学与胜利动力机械集团有限公司合作，在国内率先开发了卧式煤矿乏风瓦斯热氧化装置，在阜新矿业集团王营煤矿进行了工业性实验，成功取出了饱和蒸汽并将其利用。胜利动力机械集团有限公司设计研制出乏风处理量为 60000m³/h 的氧化装置，安装在陕西彬长大佛寺煤矿，于 2009 年调试成功[6,7]。淄博淄柴新能源有限公司与山东理工大学合作研究乏风处理量为 40000m³/h 的立式乏风瓦斯蓄热氧化装置[8]，2009 年开始在冀中能源邯郸矿业集团有限公司陶二煤矿进行现场实验，该项目于 2010 年通过了中国煤炭学会组织的技术鉴定。中国科学院工程热物理研究所[9]、中煤科工集团重庆研究院有限公司[10]等单位也先后开发了煤矿乏风瓦斯 TFRR 技术，在全球开展了多个示范项目，已进入商业化开发阶段。

二、催化逆流氧化技术

CFRR 的工作原理与 MEGTEC 公司的 TFRR 大体相同，主要区别是使用了催化剂[11-15]。使用催化剂可以有效降低瓦斯的氧化温度(350℃)，从而大幅减少 NO_x 的排放。

1995 年，加拿大矿物与能源技术中心(CANMET)开始研发煤矿乏风瓦斯 CFRR 技术。CANMET 开发出了实验室规模的催化甲烷逆流反应器，并在该装置上进行了煤矿乏风瓦斯催化氧化模拟实验。该技术的缺点是需要使用贵金属催化剂，增加了设备制造成本和维护费用；对煤矿乏风瓦斯的硫含量也有严格的限制，否则容易引起催化剂中毒失效；由于反应器的工作温度较低，氧化放出的热量难以高效利用。目前，该技术还未见有工业应用的报道。

三、旋转蓄热氧化技术

RRTO 燃烧器由 1 个圆柱形分成几瓣独立区域的陶瓷蓄热床和 1 个旋转式转向器组成。通过旋转式转向器的旋转，就可改变陶瓷蓄热床不同区域的气流方向，从而连续地预热乏风瓦斯。因此 RRTO 工作原理与 TFRR 的工作原理类似。如果采用催化剂，RRTO 工作原理就与 CFRR 的工作原理类似。

目前德国的艾森曼(Eisenmann)公司和瑞典的蒙特(Munters)公司都有成熟产品[7]。艾森曼公司先后在贵州金沙和陕西彬长安装了单台乏风处理量为 120000m³/h 的 RRTO 燃烧器，热量抽取出来输送至余热锅炉生产 400℃、2.5MPa 的过热蒸汽。

四、稀燃涡轮燃烧技术

稀燃涡轮燃烧技术是对传统的燃气轮机进行改进，直接将煤矿乏风瓦斯或经过浓缩的煤矿乏风瓦斯作为主燃料使用的技术。它包括以下几种技术。

1. 化油器式燃气轮机(Carbureted Gas Turbine，CGT)

化油器式燃气轮机是一种燃气轮机，燃料首先形成均质混合气，利用废气或太阳能对混合气进行预热，然后通过进气口进入吸气式涡轮机。要求燃料/空气混合物的体积比为 1.6%，因此大多数煤矿乏风都需要浓缩或掺烧抽采瓦斯。燃烧发生在外部燃烧室中，反应温度低于正常涡轮机的温度(1200℃)，从而消除了任何 NO_x 排放。澳大利亚能源发展有限公司(EDL)在新南威尔士州的阿平煤矿对煤矿乏风瓦斯 CGT 进行了实验[11]。

2. 贫燃催化燃烧燃气轮机(Lean-fueled Turbine with Catalytic Combustor，LFTCC)

澳大利亚联邦科学与工业研究组织(Commonwealth Scientific and Industrial Research Organisation，CSIRO)正在开发一种使用煤矿乏风瓦斯作为主燃料的贫燃催化燃烧燃气轮机。CSIRO 希望在煤矿乏风瓦斯浓度为 1.0% 的情况下运行该系统，以尽量减少补充燃料的需求。催化剂使甲烷能够在较低的温度下燃烧[11, 16,17]。

FlexEnergy 公司正在开发一系列微型燃气轮机，主要部件包括压缩机、透平膨胀机、预热煤矿乏风混合物的回热器、低温点火的催化燃烧室和发电机等[18]。该机功率为 30kW，运行的煤矿乏风瓦斯浓度为 1.3%。FlexEnergy 公司计划开发将煤矿乏风瓦斯浓度降低到 1.0% 以下、功率增加到 100kW 以上的微型涡轮机。美国英格索兰(Ingersol-Rand)公司正在开发一种贫燃微型燃气轮机。该机额定功率为 70kW，需要煤矿乏风瓦斯在 1.0% 的浓度下运行。

3. 煤和瓦斯混合燃料燃气轮机

CSIRO 利用 VAM 与废煤混合氧化发电，在回转窑中燃烧废煤和 VAM，在高温空气-空气热交换器中收集热量，并使用清洁的热空气为燃气轮机提供动力。根据现场需要和经济条件，VAM 可提供系统燃料需求的 15%～80%（假设 VAM 混合物浓度为 1%），而剩余燃料则由废煤提供。

上述的燃气轮机利用煤矿乏风瓦斯技术大都处于实验研究阶段，均未实现工业化应用。

五、预热催化氧化技术

预热催化氧化技术采用废气将煤矿乏风预热到甲烷催化氧化的温度，然后进行催化氧化来回收煤矿乏风瓦斯能量。山东理工大学开发了处理量分别为 1000m³/h 单催化氧化室和 2000m³/h 双催化氧化室的实验装置，实验研究结果表明，煤矿乏风瓦斯浓度在 0.6%以上时，预热催化氧化实验装置可以实现自维持运行[19-21]。

六、小结

煤矿乏风瓦斯热值极低（<1000kJ/m³），属于超低热值燃料，需要采用蓄热逆流氧化、回热式氧化或催化燃烧技术，才能作为主燃料进行利用。从实践结果来看，目前热逆流氧化技术和旋转蓄热氧化技术已经在煤矿乏风瓦斯利用方面进行了商业化应用，其他技术还处于实验室研究阶段，均未实现工业化应用。特别是热逆流氧化技术已经相对成熟，得到了社会的普遍认可，市场占有率在 70%以上。

第三节 煤矿乏风瓦斯热逆流氧化装置构造

热逆流氧化技术具有高效的热量回收，只在氧化装置的反应区域保持一定的高温，排烟温度很低，热量损失很小，是目前应用较广泛的直接氧化处置煤矿乏风瓦斯技术。当瓦斯浓度达到 0.28%时可不需要额外的能量自维持运行[22]，并可对外输出能量，达到既减排温室气体又利用低品质能源的目的。

本书以山东理工大学研制的系列煤矿乏风瓦斯热逆流氧化装置为对象，详细介绍本团队取得的成果。氧化装置的总体结构包括组合式氧化床、进排气与导流分配系统、加热起动系统、取热系统和气流换向控制系统。

一、组合式氧化床

氧化床作为与气体进行热交换的介质，是煤矿乏风瓦斯热逆流氧化装置的关键核心部件。氧化床的设计合理与否直接决定了氧化床装置的阻力损失、进出口温差、蓄放热能力、运行稳定性、甲烷氧化率、气流换向周期和使用寿命等性能的优劣。

氧化床对材料的要求和使用条件一般包括以下几点：①耐高温，能够在不同的使用工况下稳定工作；②良好的抗热震性能；③良好的导热性和蓄、放热速度；④较大的密度和比热容(蓄热密度)；⑤寿命长、价格适中、成本低。

氧化床中所填充的蓄热体一般分为两类：一种为陶瓷球蓄热体；另一种为蜂窝陶瓷蓄热体。这两种蓄热体各有其独特的优势。陶瓷球蓄热体的特点是制造工艺简单，安装方便，可重复利用；不足之处是比表面积小，阻力损失大，蓄、放热速度较慢。相比之下，蜂窝陶瓷蓄热体具有比表面积大，蓄、放热速度快，有效流通面积大，阻力损失小等优点，在国内越来越受到关注。但是蜂窝陶瓷蓄热体也有缺陷：容重小，单位体积的蓄热量小，因而换向时间短，使得换向阀动作频率大大增加；使用寿命短。目前，普遍选用蜂窝陶瓷作为氧化床的蓄热体。

氧化床的结构形式有床内气体上下流动的立式结构和床内气体水平流动的卧式结构。对于卧式结构氧化床，由于气体流动方向与自然对流方向垂直，难以消除自然对流的影响，容易导致氧化床出现上部温度高、下部温度低的现象，降低装置的运行可靠性和甲烷的氧化率。而对于立式结构氧化床，由于气体流动方向和自然对流方向平行，自然对流带来的不利影响可以通过控制气体流动来消除。因此大多数氧化床采用立式结构。

立式结构氧化床由很多层蜂窝陶瓷组合而成，气体在氧化床内上下流动。氧化床各部位对蓄热体的要求是不同的。床的入口端主要用来加热乏风，出口端主要用来吸收储存氧化后气体的热量，而且入口与出口要频繁地交换，因此，要求上下两个端部的蓄热体具有很强的热交换能力、蓄热能力和耐热冲击能力。床的中部是甲烷氧化放热的区域，其温度很高且相对稳定，因此要求蓄热体具有耐高温能力。气体的阻力在氧化床内部也是剧烈变化的，乏风进入氧化床后逐渐被加热，温度不断升高，气体不断膨胀，阻力逐渐增大。到氧化床中心部位，气体阻力达到最大值。然后气体又将热量传给蓄热体，温度逐渐降低，阻力也随之降低，在出口处达到最低值。

由于氧化床各部位对蜂窝陶瓷蓄热体的要求不同，氧化床由多种蜂窝陶瓷排列叠加而成，设置在氧化床中部的蜂窝陶瓷采用孔当量直径大、孔隙率高、耐高温的蜂窝陶瓷，位于氧化床中部上下侧的蜂窝陶瓷耐热冲击能力强，且以氧化床中部为对称面、由内向外孔当量直径和孔隙率台阶式减小。

二、进排气与导流分配系统

进排气与导流分配系统的功能是使煤矿乏风均匀地进入氧化床，并不断变换煤矿乏风进入氧化床的方向，它包括进排气系统和进气导流分配系统。

进排气系统的作用是将送入氧化床中的气体不断变换运动方向，让煤矿乏风瓦斯氧化放热产生的高温区域维持在氧化床中部，从而能够使进气入口侧具有足够的热量将气体加热到氧化温度。它主要由风机、换向阀、上下集箱和连接管道组成。

风机是煤矿乏风瓦斯进入氧化装置的动力源。如果氧化床采用嵌入式电阻丝加热起动方法，可以采用一个鼓风机，为氧化床送风。如果氧化床采用外部燃烧器加热起动方法，则需要一个鼓风机和一个引风机，这两个风机分别位于氧化装置进气管道和排气管道上。

换向阀的作用是在控制系统的作用下自动变换进入氧化床气体的流动方向。目前有的采用四个蝶阀，有的采用两个三通换向阀，也有的采用一个四通换向阀。

氧化床流通横截面积很大，如处理量为 $60000m^3/h$ 的热逆流氧化装置氧化床的流通横截面积达到 $30m^2$ 以上，需采用上下集箱对进排气管道和氧化床之间进行过渡。

由于氧化装置横截面积大，如果不采取技术措施，难以保证煤矿乏风均匀地进入氧化床，对氧化装置的运行稳定性造成很大的影响。本团队开发的热逆流氧化装置在上下集箱内布置进气导流分配系统，对气体流量进行均匀分配，使之能够均匀地进入氧化床。

三、加热起动系统

在煤矿乏风瓦斯热逆流氧化装置正常工作之前，需要采用加热起动系统将氧化床中部加热到甲烷自动氧化温度以上，形成氧化床中心温度高、两侧温度逐渐降低的温度分布，使进入氧化床的煤矿乏风瓦斯不断被加热升温，直至完全氧化。在氧化床达到正常工作温度后，可以关闭加热起动系统，氧化装置则完全依靠煤矿乏风瓦斯氧化放热来维持运行。

氧化床加热起动分为两种方法：电加热起动和热风加热起动。电加热起动方法的加热元件为电热体合金电热丝，直接埋在氧化床中部高温区的蓄热陶瓷内。电加热起动技术具有结构简单、控制容易等优点，但也存在用电负荷大、易高温氧化、使用寿命短的缺陷。热风加热起动技术利用燃烧器产生高温气体，经温度调节后送入氧化床中部，使氧化床中部温度逐渐升高。热风加热起动技术的优点是燃料灵活、加热起动速度快。

四、取热系统

煤矿乏风瓦斯在氧化床中氧化放出的热量首先要满足氧化装置的自维持运行。自维持的能量消耗有两方面：①氧化装置表面散热，一般来说氧化床外部设有保温层，壳体表面温度低于 $60℃$；②氧化床出口气体带走的热量，一般来说氧化床进出口气体温差小于 $40℃$。实践证明，当煤矿乏风瓦斯浓度为 0.2% 时[6]，实验室规模的氧化装置可以实现自维持运行而不需要补充额外的能量。当煤矿乏风瓦斯浓度为 0.28% 时[22]，大型工业用氧化装置可以实现自维持运行。如果煤矿乏风瓦斯浓度更高，可以将多余的热量从氧化床取出并加以利用。

在取热方式上有氧化床出口换热器取热、氧化床中部高温区抽气取热、氧化床中部高温区内置换热器取热和氧化床高温区两侧内置换热器取热四种形式。氧化床出口换热器取热技术相对简单，但由于热风出口温度较低、波动非常大，利用价值较低。氧化床中部高温区抽气取热技术抽取的气体温度较高，有利于发电。为了避免抽取未燃瓦斯，只能从氧化床狭窄的高温区抽取热气，但抽出的气体中仍有少量未氧化的瓦斯，也降低了氧化床的高温峰值温度[23,24]，不利于氧化装置稳定运行。氧化床中部高温区内置换热器取热技术可以有效避免抽取未燃瓦斯，但仍存在对氧化床高温区稳定性影响较大的问题[25]。Kushwaha 等[26]、Gosiewski 和 Warmuzinski[27]研究发现，在氧化床中心取热会影响氧化床温度分布的对称性。氧化床高温区两侧内置换热器取热技术是将换热器安置在氧化床高温区的两侧，这种取热技术既可以提取氧化床多余的热量，又不会对高温区稳定性造成很大的影响，因此，目前绝大多数氧化装置采用这种取热技术[28-34]。

五、气流换向控制系统

通过不断变化气体进入氧化床的方向，使氧化床保持甲烷氧化所需的高温区，是煤矿乏风瓦斯热逆流氧化装置稳定运行的关键。气流换向控制系统的作用就是换向阀门在自动控制系统的控制下不断切换乏风进入氧化床的流动方向，保证氧化装置稳定运行。

气流换向控制方法有两种：①固定换向周期。这种方法控制简单，但是一旦氧化床高温区偏离氧化床中部，氧化装置容易熄灭。②根据氧化床温度分布情况，对进入氧化床的气体流动时间进行控制。该方法有两个特点：一是气体换向周期不固定；二是氧化床两侧的换向间隔不一致。因此，这种方式能够有效保证氧化床高温区的稳定，但需要精准的测控系统。

参 考 文 献

[1] 赵路正. 煤矿乏风中的甲烷利用技术经济分析. 煤炭工程, 2017, 49(7): 97-99.

[2] CHENG Y P, WANG L, ZHANG X L. Environmental impact of coal mine methane emissions and responding strategies in China. International Journal of Greenhouse Gas Control, 2011, 5(1): 157-166.

[3] 杨启军, 郝小礼, 冯涛, 等. 煤矿排风低浓度瓦斯节能减排潜力分析. 矿业工程研究, 2014, 29(2): 75-80.

[4] US EPA. Assessment of the worldwide market potential for oxidizing coal mine ventilation air methane. Environmental Protection Agency, EPA 430-R-02-008.

[5] KARAKURT I, AYDIN G, AYDINER K. Mine ventilation air methane as a sustainable energy source. Renewable & Sustainable Energy Reviews, 2011, 15(2): 1042-1049.

[6] 郑斌, 刘永启, 刘瑞祥, 等. 煤矿乏风的蓄热逆流氧化. 煤炭学报, 2009, 34(11): 1475-1478.

[7] 李强, 霍春秀, 龙伍见. 矿井乏风瓦斯氧化发电技术研究进展. 矿业安全与环保, 2012, 39(4):
     81-84.

[8] LI Z L, LIU Y Q, WANG Z M. Experimental study on thermal oxidation of ultra-low concentration
     methane in a non-catalytic reverse-flow reactor. Bulgarian Chemical Communications, 2016, 48(4):
     793-797.

[9] 邓浩鑫, 萧琦, 肖云汉. 基于蓄热式换热模型的乏风瓦斯逆流热氧化装置设计方法. 煤炭学报,
     2014, 39(7): 1302-1308.

[10] 康建东, 兰波, 邹维峰. 煤矿五床式乏风瓦斯蓄热氧化装置设计与应用. 煤炭科学技术, 2015,
     43(2): 136-139.

[11] SU S, BEATH A, GUO H, et al. An assessment of mine methane mitigation and utilization
     technologies. Progress in Energy & Combustion Science, 2005, 31(2): 123-170.

[12] GOSIEWSKI K, PAWLACZYK A, JASCHIK M. Thermal combustion of lean methane-air
     mixtures: Flow reversal research and demonstration reactor model and its validation. Chemical
     Engineering Journal, 2012, 207-208(5): 76-84.

[13] MARÍN P, ORDÓÑEZ S, DÍEZ F V. Procedures for heat recovery in the catalytic combustion of
     lean methane-air mixtures in a reverse flow reactor. Chemical Engineering Journal, 2009, 147(2-3):
     356-365.

[14] LI Z K, WU Z W, QIN Z F, et al. Demonstration of mitigation and utilization of ventilation air
     methane in a pilot scale catalytic reverse flow reactor. Fuel Processing Technology, 2017, 160(1):
     102-108.

[15] KUCHARCZYK B, STASIŃSKA B, NAWRAT S. Studies on work of a prototype installation with
     two types of catalytic bed in the reactor for oxidation of methane from mine ventilation air. Fuel
     Processing Technology, 2017, 166: 8-16.

[16] YIN J, SU S, YU X X, et al. Thermodynamic characteristics of a low concentration methane
     catalytic combustion gas turbine. Applied Energy, 2010, 87(6): 2102-2108.

[17] SU S, YU X X. A 25 kwe low concentration methane catalytic combustion gas turbine prototype
     unit. Energy, 2015, 79: 428-438.

[18] CLUFF D L, KENNEDY G A, BENNETT J G, et al. Capturing energy from ventilation air
     methane a preliminary design for a new approach. Applied Thermal Engineering, 2015, 90:
     1151-1163.

[19] ZHENG B, LIU Y Q, LIU R X, et al. Catalytic oxidation of coal mine ventilation air methane in a
     preheated catalytic reactor. International Journal of Hydrogen Energy, 2015, 40(8): 3381-3387.

[20] ZHENG B, LIU Y Q, SUN P, et al. Oxidation of lean methane in a two-chamber preheat catalytic
     reactor. International Journal of Hydrogen Energy, 2017, 42(29): 18643-18648.

[21] 孙娟娟, 刘永启, 孙鹏, 等. 双室型乏风预热催化氧化装置的氧化特性. 煤炭学报, 2017,
     42(S1): 172-177.

[22] LI Q Z, LIN B Q, YUAN D S, et al. Demonstration and its validation for ventilation air
     methane(VAM) thermal oxidation and energy recovery project. Applied Thermal Engineering,
     2015, 90(5): 75-85.

[23] LI Z K, QIN Z F, ZHANG Y G, et al. A control strategy of flow reversal with hot gas withdrawal
     for heat recovery and its application in mitigation and utilization of ventilation air methane in a
     reverse flow reactor. Chemical Engineering Journal, 2013, 228(15): 243-255.

[24] LI Z K, WU Z W, QIN Z F, et al. Demonstration of mitigation and utilization of ventilation air
     methane in a pilot scale catalytic reverse flow reactor. Fuel Processing Technology, 2017, 160:
     102-108.

[25]　WANG S, GAO D N, WANG S D. Steady and transient characteristics of catalytic flow reverse reactor integrated with central heat exchanger. Industrial & Engineering Chemistry Research, 2014, 53(32): 12644-12654.

[26]　KUSHWAHA A, POIRIER M, HAYES R E, et al. Heat extraction from a flow reversal reactor in lean methane combustion. Chemical Engineering Research & Design, 2005, 83(2): 205-213.

[27]　GOSIEWSKI K, WARMUZINSKI K. Effect of the mode of heat withdrawal on the asymmetry of temperature profiles in reverse-flow reactors. Catalytic combustion of methane as a test case. Chemical Engineering Science, 2007, 62(10): 2679-2689.

[28]　MARÍN P, ORDÓÑEZ S, DÍEZ F V. Procedures for heat recovery in the catalytic combustion of lean methane-air mixtures in a reverse flow reactor. Chemical Engineering Journal, 2009, 147(2-3): 356-365.

[29]　理查德·马特斯, 孙庆刚. 逆流反应器矿井乏风瓦斯发电技术简介. 中国煤层气, 2004, 1(2): 44-46.

[30]　GAO Z L, LIU Y Q, GAO Z Q. Heat extraction characteristic of embedded heat exchanger in honeycomb ceramic packed bed. International Communications in Heat & Mass Transfer, 2012, 39(10): 1526-1534.

[31]　GAO Z L, LIU Y Q, GAO Z Q. Influence of packed honeycomb ceramic on heat extraction rate of packed bed embedded heat exchanger and heat transfer modes in heat transfer process. International Communications in Heat & Mass Transfer, 2015, 65: 76-81.

[32]　高增丽, 刘永启, 苏庆泉, 等. 取热区蜂窝陶瓷几何特性对换热器取热率的影响. 煤炭学报, 2012, 37(4): 683-688.

[33]　高增丽, 刘永启, 高振强, 等. 基于煤矿乏风热氧化的填充床内置换热器取热特性. 煤炭学报, 2015, 40(6): 1402-1407.

[34]　高增丽, 刘永启, 高振强. 煤矿乏风瓦斯流入特性对填充床内置换热器取热的影响. 煤炭学报, 2017, 42(3): 665-670.

第二章　热逆流氧化机理分析及运行特性

目前，随着人们对能源与环境问题的日益重视，世界各国加强了对煤矿乏风低浓度瓦斯减排和利用的研究，通过利用热逆流氧化或催化氧化等技术手段，实现对煤矿乏风低浓度瓦斯的减排和利用。第一章已阐明热逆流氧化技术在国内外的其他行业得到一定程度的应用，而在煤矿乏风瓦斯减排和热利用方面相对较少。本章根据流体力学、工程热力学和传热学等相关理论，结合煤矿乏风相关特性，研究多孔介质内的燃烧机理，建立煤矿乏风低浓度瓦斯热逆流氧化的计算模型，分析相关参数对热逆流氧化的影响。

第一节　蜂窝陶瓷结构分析

一、多孔介质基本概念

多孔介质是指多孔固体骨架构成的孔隙空间中充满单相或多相介质，蜂窝陶瓷是典型的多孔介质。在研究多孔介质传热传质问题时，经常涉及一些基本结构参数和基本性能参数，现分别阐释如下[1,2]。

1. 孔隙率

孔隙率是指多孔介质内的微小孔隙的总体积与该多孔介质的总体积的比值，其表达式为

$$\varepsilon = \frac{V_{孔隙}}{V_{多孔}} \times 100\% \tag{2-1}$$

孔隙率可分为两种：多孔介质内相互连通的微小孔隙的总体积与该多孔介质的外表体积的比值称为有效孔隙率，以 ε_e 表示；多孔介质内相通的和不相通的所有微小孔隙的总体积与该多孔介质的外表体积的比值称为总孔隙率或绝对孔隙率，以 ε_T 表示。孔隙率通常是指有效孔隙率，但为书写方便，一般直接以 ε 表示。孔隙率与多孔介质固体颗粒的结构、形状以及排列方式相关，是决定多孔介质内流体传输性能的重要参数。

2. 比表面积

比表面积(简称比面)定义为多孔介质固体骨架总表面积 A_s 与多孔介质总容积 V

之比，即

$$\Omega = \frac{A_s}{V} \tag{2-2}$$

式中，Ω 为多孔介质比表面积，cm^2/cm^3；A_s 为多孔介质面积或多孔介质孔隙的总内表面积，cm^2；V 为多孔介质外表体积(或视体积)，cm^3。

3. 孔隙直径

孔隙直径指的是多孔介质中孔隙的直径。一般来说，多孔介质各个孔隙直径并不相等，而且形状不一样。对于不规则的孔隙，具体尺寸和分布可以通过实验来测定；对于规则均匀的孔隙，一般可以用当量直径来表示其孔隙直径。

4. 表观流速

流体流过多孔介质中的流动速度有表观流速和物理流速之分，表观流速是基于多孔介质整个横截面的体积流量，而物理流速是在多孔介质孔隙内的流动速度。两者关系为

$$v_{表} = \varepsilon v_{物} \tag{2-3}$$

5. 渗透率

渗透率是多孔材料的流体传导性，表征在外加压力梯度的作用下一种流体通过多孔介质的容易程度。多孔材料的渗透率可以实验测定，实验如下：建立一种不可压缩流体，沿流动方向上长度为 L、截面积为 S 的多孔材料中做水平直线流动，则渗透率 k 定义为

$$k = -\frac{\mu v}{S(\Delta P/L)} \tag{2-4}$$

式中，v 为流体的流速；μ 为流体的黏度；ΔP 为施加于长度两边的压力差。渗透率仅与固体骨架的结构与性质有关，与通过的流体性质和流动机理无关。

二、蜂窝陶瓷几何体结构

氧化床的填充有小球堆积式和蜂窝体组合式之分，由于陶瓷小球填充氧化床的阻力损失较大，目前一般用蜂窝陶瓷体进行填充。过去国内外对小球堆积式填充氧化床的流动过程研究得较多，但对蜂窝体组合式填充氧化床的理论研究不多。常用的蜂窝陶瓷体结构有圆形通道、方形通道和六边形通道等，如图 2.1 所示。

　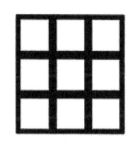　

(a)圆形通道　　　　　　(b)方形通道　　　　　　(c)六边形通道

图 2.1　常用蜂窝陶瓷体结构形状

对比较常用的圆形蜂窝陶瓷体、方形蜂窝陶瓷体和六边形蜂窝陶瓷体的几何参数进行研究。其格孔的几何参数如图 2.2 所示。

　　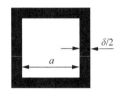　　

(a)圆形通道　　　　　　(b)方形通道　　　　　　(c)六边形通道

图 2.2　三种蜂窝陶瓷体结构参数

结合三种蜂窝陶瓷体结构示意图，可以列出三种蜂窝陶瓷体孔隙率和比表面积的计算公式，如表 2.1 所示。

表 2.1　结构参数公式表

通道形状	L	S	ε	A_s
圆形	d, δ	$\pi d^2/4$	$0.9d^2/(d+\delta)^2$	$3.6d/(d+\delta)^2$
方形	a, δ	a^2	$a^2/(a+\delta)^2$	$3.6a/(a+\delta)^2$
六边形	a, δ	$2.6a^2$	$a^2/(a+0.577\delta)^2$	$2.31a/(a+0.577\delta)^2$

注：表中 L 为特征尺度，mm；S 为单元体流通横截面积，m^2；ε 为单元体横截面积上的开孔面积比，简称孔隙率；A_s 为单元体中单位长度上的换热面积与体积比，简称比表面积；d 为直径；a 为边长；δ 为壁厚。

蜂窝陶瓷体格孔的边长一般为 1.5～4mm，壁厚为 0.6～2mm，根据表 2.1 可以看出蜂窝陶瓷体的结构特性示意图，如图 2.3 和图 2.4 所示。

图 2.3 为同一壁厚(1mm)、三种形状通道的蜂窝陶瓷的孔隙率随直径或边长变化的比较图。从图中可以看出，在同一壁厚下，六边形通道蜂窝陶瓷的孔隙率明显大于方形和圆形通道蜂窝陶瓷，其中，圆形通道蜂窝陶瓷孔隙率最小。同时，随着边长或直径的增加，三种蜂窝陶瓷的孔隙率都在增加。在直径允许的范围内(4mm)，

圆形通道蜂窝陶瓷孔隙率不超过 0.6，而六边形通道蜂窝陶瓷孔隙率不超过 0.7。图 2.4 为方形通道蜂窝陶瓷在不同壁厚下的孔隙率随边长变化曲线，从图中可见，方形通道蜂窝陶瓷孔隙率随壁厚的增加和边长的减少而下降，圆形和六边形通道蜂窝陶瓷孔隙率变化也具有类似的规律。

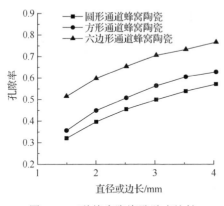

图 2.3　三种蜂窝陶瓷孔隙率比较

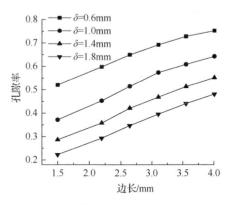

图 2.4　方形通道蜂窝陶瓷孔隙率变化

　　图 2.5 为同一壁厚(1mm)、三种形状通道的蜂窝陶瓷的比表面积随直径或边长变化的比较图。从图中可以看出，在同一壁厚下，方形通道蜂窝陶瓷的比表面积最大，六边形通道蜂窝陶瓷比表面积最小。随着边长(直径)的增加，三种蜂窝陶瓷的比表面积都在减小，且六边形通道蜂窝陶瓷比表面积的衰减较其他两种剧烈。图 2.6 为方形通道蜂窝陶瓷在不同壁厚下的比表面积随通道边长变化曲线，从图中可见，方形通道蜂窝陶瓷比表面积随壁厚的减少和边长的增加而下降，圆形和六边形通道蜂窝陶瓷比表面积变化也具有类似的规律。从图中还可以发现，方形通道蜂窝陶瓷比表面积随边长衰减和壁厚有关，壁厚越大，其衰减越剧烈。

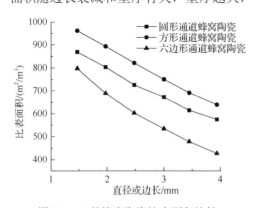

图 2.5　三种蜂窝陶瓷比表面积比较

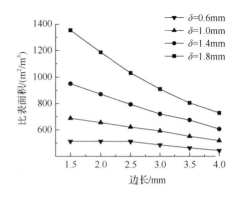

图 2.6　方形通道蜂窝陶瓷比表面积变化

从以上分析可知，在同一壁厚和边长(直径)下，方形通道蜂窝陶瓷具有较大的比表面积，但孔隙率较小。六边形通道蜂窝陶瓷的孔隙率最大，但比表面积较小。

三、蜂窝陶瓷材质的选取

根据工作区域的温度状态和吸、放热速率及蓄热量的需求，选择堇青石和莫来石两种材质蜂窝陶瓷，并优化配方和制造工艺。莫来石最高使用温度、平均蓄热量和导热系数都高于堇青石，所以将莫来石蜂窝陶瓷置于氧化床的高温区，而将堇青石蜂窝陶瓷置于两侧的低温区。两种陶瓷的化学组成和物理性质分别见表 2.2 和表 2.3。

表 2.2　堇青石、莫来石化学组成

材料	SiO_2	Al_2O_3	MgO	$K_2O + Na_2O + CaO$
堇青石	48%～52%	34%～37%	8%～9%	≤0.3%
莫来石	26%～29%	67%～70%	≤0.4%	≤1.3%

表 2.3　堇青石、莫来石物理性质

材料	堆积密度 /(kg/m³)	热膨胀系数 /10^{-6}K	导热系数 /(W/(m·K))	耐热冲击 /maxK	软化温度 /℃	最高使用温度/℃	平均蓄热量 /(kW·h/m³)
堇青石	778	3.4	1.63	600	1400	1300	0.219
莫来石	832	6.2	2.42	550	1580	1480	0.231

第二节　多孔介质内超绝热燃烧的基本原理

在多孔介质的燃烧过程中，自由火焰的传播速度取决于流体上游的换热条件。而在自由火焰燃烧中，参与热量交换的介质主要是气体，传热方式为气体热传导和对流，由此造成燃烧系统的换热性能较差、燃烧区域很窄。大量的可以利用的燃烧热无法存储起来，而不得不随燃烧尾气排放到大气环境中。辐射换热是热量传递的重要方式，尤其是在高温条件下，而气体对热辐射的吸收及发射能力相当有限，固体在这方面具有很大优势。因此，向燃烧室中适当填充流通阻力较小的多孔介质可以改善其换热性能。

孔隙率较高的多孔介质对气体的流动阻力小，若在燃烧室内垂直于混合气体的流动方向上安放多孔介质，必将显著改善燃烧室的整体换热性能。与传统以自由火焰特征的燃烧方式相比，在传热形式上，多孔介质预混合燃烧最明显的特征就是利用固体的热辐射。在多孔介质燃烧过程中，气、固两相之间换热越充分，固体的表面温度就越高，越多的燃烧气体的热焓转变为多孔介质的辐射能。多孔介质可以提高气、固两相的热量传递，加强对未燃混合气体的预热，并使燃烧器内温度场趋于均匀[3]。

图 2.7 是多孔介质辐射换热的基本原理，图中 T_g 和 T_g' 表示有、无多孔介质情况下的气体温度分布，T_0、T_e 和 ΔT 分别表示上、下游边界的气体温度和温差，I_0 和 I_e 表示多孔介质辐射面向上下游侧的辐射力，ρ、c_p、u 分别为气体的密度、比热容和流速。载热气体通过多孔介质时，气体的显热被转换成固体辐射能，引起气体焓下降。

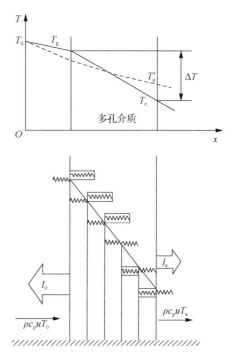

ｗｗｗ 辐射力；　ｗｗｗ 遮蔽作用引起的吸收

图 2.7　多孔介质辐射换热的基本原理

在燃烧室内填充多孔介质可以显著改善燃烧室的换热性能，提升火焰的传播速度，同时可以拓宽反应区域，并在一定程度上增强火焰的稳定性。除此之外，多孔介质的另一个重要功能是对反应热进行储存并实现循环利用。多孔介质具有比气体大得多的比热容和热辐射吸收系数，当燃料气体在多孔介质中燃烧时，通过气、固两相间对流换热，多孔介质可以吸收并储存部分燃烧热，起着"热坝"的作用。当新鲜燃料气体进入多孔介质时，多孔介质可将储存的热量释放出来，用于对新鲜气体进行预热，从而使燃烧热得到循环利用，这一过程只有在蓄热能力很强的介质中才能实现。多孔介质将燃烧的反应热先储存再释放利用，在整个系统中起着"热坝"的作用，可以对燃烧室中的能量进行移峰填谷，调节供需。余热的回收和循环利用使排烟口散失的热能得到补偿，因此，多孔介质中的预混合燃烧是一种增焓燃烧过程：

$$\int_{T_0}^{T_f} c_p \rho_g \mathrm{d}T = \Delta Q_c + Q_a - Q_1 \tag{2-5}$$

式中，ΔQ_c 为单位体积燃料的低热值；T_f 为火焰温度；T_0 为混合气体的初始温度；Q_1 为各种热损失；Q_a 为多孔介质吸收并储存的热量。

根据式(2-5)，若燃烧系统绝热性能良好，燃烧过程中多孔介质吸收并储存的能量大于各种热损失之和，即 $Q_a - Q_1 > 0$，则火焰温度可以超过自由火焰中的绝热火焰温度，这就是"过焓"或"超绝热燃烧"[4-8]。

燃烧室进入稳定状态以后，整个燃烧室内形成动态能量平衡系统。混合气体在流动和燃烧过程中，多孔介质起着类似水库的蓄水和放水作用，当混合气体中的可燃成分稀薄，采用传统燃烧方式无法燃烧时，多孔介质中存储的热量就能循环利用，用以维持燃烧反应的进行。这正如枯水期流量较低时，利用水库中库存的水量仍可以使水位达到一定高程，以维持发电和灌溉的正常进行[9]。

在无热量损失的情况下，混合气体在自由空间中燃烧的绝热火焰温度 T_{ad} 与进入燃烧室的初始温度(或称环境温度) T_0 之差为[10]

$$\Delta T_{ad} = T_{ad} - T_0 = \frac{m_{fu} \Delta Q_c}{c_p \rho_g} \tag{2-6}$$

式中，m_{fu} 为混合气体中可燃成分的初始质量分数。

在超绝热燃烧系统中，根据燃烧室的热平衡(图2.8)，单位体积可燃混合气体燃烧过程中相对于自由空间释放出来的有效总热量为

$$Q_f = \Delta Q_c + Q_{re} + Q_{pr} - Q_1 \tag{2-7}$$

式中，Q_{pf} 为预混气体带入燃烧室的热焓；Q_1 为对外界环境辐射的热量 Q_r、燃烧室各部件加热所消耗的热量 Q_w 和烟气余热损失 Q_{ex} 之和，即 $Q_1 = Q_r + Q_w + Q_{ex}$；Q_{re} 为储存于多孔介质中的可以循环利用的热量，与气体燃料的热值和多孔介质的比表面积及比热容有关，它是多孔介质预混燃烧优于其他燃烧方式的重要评价参数。

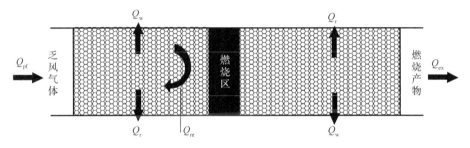

图2.8　热逆流反应器中的能量输运

第三节　热逆流超绝热燃烧的理论分析

本节将推导热逆流氧化的一个简化的理论解，得到一个与重要的控制参数相关联的简化模型，该模型可以预测反应器最高温度以及两侧的温度梯度。

一、周期性换向的作用

热逆流氧化系统中，乏风进出多孔介质的方向周期性改变，使得反应器两端多孔介质分别充当预热器和余热回收器的功能也周期性改变，即每经过半个周期，反应器的入口端变为出口端，出口端变为入口端，预热区和余热回收区的位置也发生相应变化，新鲜乏风就可以周期性与较高温度端接触。因此，与常规多孔介质燃烧技术相比，乏风气体在热逆流氧化系统中的预热效果必然加强，热能利用效率也会得到提高。

图 2.9 为热逆流反应中前后两个半周期火焰位置及其多孔介质的作用示意图。燃烧室规格、进气流速和燃料浓度确定时，换向半周期越短，前后两个半周期中火焰位置间的最大位移 L_{max} 越长[11]。

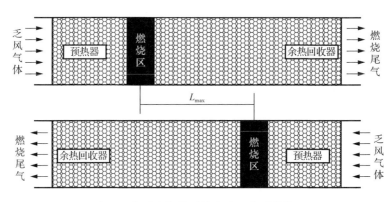

图 2.9　热逆流氧化系统中多孔介质的作用

热逆流氧化装置通过周期性改变多孔介质的作用，实现燃烧余热的回收和重复利用。混合气体在多孔介质内流动过程中，除向反应区输送燃料和氧化剂外，同时把从燃烧产物中吸收来的热量输运到反应区，运动流体的这种双重作用也使得热逆流氧化有别于其他燃烧方式。假定热逆流反应器外的环境温度为 T_0，常规多孔介质的尾气温度为 T_{exh}，燃烧室出口截面积为 S，燃烧器的总运行时间为 t_{total}，换向半周期为 t_{hc}。与常规多孔介质燃烧器相比，热逆流氧化系统至少可以多回收的尾气余热量为

$$Q_{s} = \frac{t_{\text{total}}}{t_{\text{hc}}} c_{p} \rho_{g} u S\left(T_{\text{exh}} - T_{0}\right) \tag{2-8}$$

式中，$\dfrac{t_{\text{total}}}{t_{\text{hc}}}$ 表示在 t_{total} 时间内热逆流反应器的换向次数；u 为混合气体的流速。

随着混合气体的流动方向周期性改变，热逆流氧化燃烧室两端的多孔介质的作用也交替变化，燃烧波（放热）和热波（传热）的传播方向也发生周期性变化。燃烧室的轴向温度分布近似呈梯形或 M 形。这种热结构不仅有利于燃料的充分燃烧，降低污染尾气排放，减少热应力对燃烧室和多孔介质材料的破坏，而且可以缓冲热负荷和流动工况的变化对燃烧过程的影响，从而维持系统稳定运行。

二、简化理论解的建立

图 2.10 为逆向反应器示意图，与热逆流反应器相比，前者中催化剂同时充当多孔介质，既是热量储存和释放的介质，又参与了化学反应，而后者是惰性的，只充当热量交换介质。此外，在逆向反应器中，新鲜混合气体分为两股，连续等量地分别从反应器两端进入反应器，每一端的预热都是利用另一端的尾气热量，借助多孔介质来完成的。而热逆流反应器的预热是通过上半周期蓄积在反应器出口的热量来进行的。因此，在热逆流反应器气流方向快速转换的极限情况下，由于固体的比热容很大，在每个半周期内，固体温度几乎保持不变。只是气体温度在固相温度线的上下周期性变化，因此，这两类反应器的结构和温度分布非常类似。图 2.10 中 T_1、T_s 与 T_2、T_s 分别相当于热逆流反应器在达到准稳态平衡时，正向（从左到右）和逆向（从右到左）流动半周期结束时的气体与多孔介质固体的温度曲线，因此，通过二者的类比，可以推导出后者的简化理论解[12]。

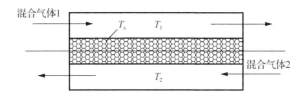

图 2.10 逆向反应器示意图

多孔介质能量守恒方程为

$$\left(1-\varepsilon\right)\lambda_{\text{se}}\frac{\mathrm{d}^{2}T_{s}}{\mathrm{d}x^{2}} + \frac{1}{2}h_{v}\left(T_{g1} - T_{s}\right) + \frac{1}{2}h_{v}\left(T_{g2} - T_{s}\right) \tag{2-9}$$

式中，λ_{se} 为包括导热、辐射在内的多孔介质固体有效导热系数；h_{v} 为气固两相间的对流换热系数。

混合气体 1 和 2 能量守恒方程为

$$-\varepsilon\rho_g u_g c_g \frac{\mathrm{d}T_{g1}}{\mathrm{d}x} + \varepsilon\lambda_g \frac{\mathrm{d}^2 T_{g1}}{\mathrm{d}x^2} - h_v(T_{g1}-T_s) + h_0\varepsilon\gamma W_{g1} = 0 \tag{2-10}$$

$$\varepsilon\rho_g u_g c_g \frac{\mathrm{d}T_{g2}}{\mathrm{d}x} + \varepsilon\lambda_g \frac{\mathrm{d}^2 T_{g2}}{\mathrm{d}x^2} - h_v(T_{g2}-T_s) + h_0\varepsilon\gamma W_{g2} = 0 \tag{2-11}$$

式中，λ_g 为气体的导热系数；h_0 为燃料低热值；γ 为反应物中燃料的质量分数；W_{g1} 为混合气体 1 反应物消耗速率；W_{g2} 为混合气体 2 反应物消耗速率。

混合气体 1 和 2 组分守恒方程为

$$-\rho_g u_g \frac{\mathrm{d}Y_{g1}}{\mathrm{d}x} + D\frac{\mathrm{d}^2 Y_{g1}}{\mathrm{d}x^2} + W_{g1} = 0 \tag{2-12}$$

$$\rho_g u_g \frac{\mathrm{d}Y_{g2}}{\mathrm{d}x} + D\frac{\mathrm{d}^2 Y_{g2}}{\mathrm{d}x^2} + W_{g2} = 0 \tag{2-13}$$

式中，D 为气体的扩散系数。假设燃烧反应是一级反应，反应物消耗速率(气体混合物由反应物、生成物组成)为

$$W_{g1} = \rho_{g1} Y_{g1} A e^{-E/(RT_{g1})} \tag{2-14}$$

$$W_{g2} = \rho_{g2} Y_{g2} A e^{-E/(RT_{g2})} \tag{2-15}$$

式中，E 为燃料活化能；R 为气体常数；A 为指前因子。

方程(2-9)～方程(2-15)构成了逆向反应器的计算模型。

三、燃烧器中的最高温度、燃烧器两侧温度梯度的推导

在前面假设的基础上，方程(2-9)～方程(2-11)相加，同时方程(2-10)与方程(2-11)相减后对其求导，分别得到方程(2-16)和方程(2-17)：

$$2(1-\varepsilon)\lambda_{se}\frac{\mathrm{d}^2 T_s}{\mathrm{d}x^2} + \varepsilon\rho_g u_g c_g\left(\frac{\mathrm{d}T_{g2}}{\mathrm{d}x} - \frac{\mathrm{d}T_{g1}}{\mathrm{d}x}\right) + h_0\varepsilon\gamma(W_{g1}+W_{g2}) = 0 \tag{2-16}$$

$$\varepsilon\rho_s u_s c_s\left(\frac{\mathrm{d}T_{g2}}{\mathrm{d}x} - \frac{\mathrm{d}T_{g1}}{\mathrm{d}x}\right) - \frac{h_0\gamma\rho_g u_g c_g\varepsilon^2}{h_v}(W_{g2}-W_{g1})' = \frac{(\varepsilon\rho_g u_g c_g)^2}{h_p}\left(\frac{\mathrm{d}^2 T_{g2}}{\mathrm{d}x^2} + \frac{\mathrm{d}^2 T_{g1}}{\mathrm{d}x^2}\right) \tag{2-17}$$

取近似值
$$T_s = \frac{T_{g1}+T_{g2}}{2} \tag{2-18}$$

将方程(2-18)代入方程(2-17)中，得

$$2\lambda_{\text{eff}}\frac{\text{d}^2T_{\text{s}}}{\text{d}x^2}+\frac{h_0\gamma\rho_{\text{g}}u_{\text{g}}c_{\text{g}}\varepsilon^2\left(W_{\text{g2}}-W_{\text{g1}}\right)'}{h_{\text{v}}}+h_0\varepsilon\gamma\left(W_{\text{g1}}+W_{\text{g2}}\right)=0 \qquad (2\text{-}19)$$

其中

$$\lambda_{\text{eff}}=\left(1-\varepsilon\right)\lambda_{\text{se}}+\frac{\varepsilon\rho_{\text{g}}u_{\text{g}}c_{\text{g}}}{h_{\text{v}}}=0 \qquad (2\text{-}20)$$

$$\left(W_{\text{g2}}-W_{\text{g1}}\right)'=-\rho_{\text{g}}u_{\text{g}}\left(\frac{\text{d}Y_{\text{g2}}}{\text{d}x}+\frac{\text{d}Y_{\text{g1}}}{\text{d}x}\right)' \qquad (2\text{-}21)$$

$$W_{\text{g1}}+W_{\text{g2}}=-\rho_{\text{g}}u_{\text{g}}\left(\frac{\text{d}Y_{\text{g2}}}{\text{d}x}-\frac{\text{d}Y_{\text{g1}}}{\text{d}x}\right)' \qquad (2\text{-}22)$$

将方程(2-21)、方程(2-22)代入方程(2-19)中并积分，得

$$2\lambda_{\text{eff}}\frac{\text{d}T_{\text{s}}}{\text{d}x}-h_0\gamma\varepsilon\rho_{\text{g}}u_{\text{g}}\left(Y_{\text{g2}}-Y_{\text{g1}}\right)=\frac{h_0\gamma c_{\text{g}}\left(\varepsilon\rho_{\text{g}}u_{\text{g}}\right)^2}{h_{\text{v}}}\left(\frac{\text{d}Y_{\text{g2}}}{\text{d}x}+\frac{\text{d}Y_{\text{g1}}}{\text{d}x}\right) \qquad (2\text{-}23)$$

因为反应器完全对称，所以为了推导反应器内固体温度的最大值，推导时只考虑燃烧器的前半部分($0\leqslant x\leqslant L/2$)。假设混合气体 2 从末端($x=L$)到达对称点时已完全反应，即对 $0\leqslant x\leqslant L/2$，有

$$\frac{\text{d}Y_{\text{g2}}}{\text{d}x}=Y_{\text{g2}}=0$$

因此，方程(2-23)简化为

$$2\lambda_{\text{eff}}\frac{\text{d}T_{\text{s}}}{\text{d}x}+h_0\gamma\varepsilon\rho_{\text{g}}u_{\text{g}}Y_{\text{g1}}=\left[h_0\gamma c_{\text{g}}\left(\varepsilon\rho_{\text{g}}u_{\text{g}}\right)^2\frac{\text{d}Y_{\text{g1}}}{\text{d}x}\right]\Big/h_{\text{v}} \qquad (2\text{-}24)$$

将方程(2-11)代入方程(2-24)中，得

$$\frac{\text{d}T_{\text{s}}}{\text{d}x}=\left(F-Ge^{\frac{E}{RT_{\text{s}}}}\right)\frac{\text{d}Y_{\text{g1}}}{\text{d}x} \qquad (2\text{-}25)$$

其中

$$F=\frac{h_0\gamma c_{\text{g}}\left(\varepsilon\rho_{\text{g}}u_{\text{g}}\right)^2}{2\lambda_{\text{eff}}h_{\text{v}}},\quad G=\frac{h_0\gamma\varepsilon\rho_{\text{g}}u_{\text{g}}^2}{2\lambda_{\text{eff}}A}$$

方程(2-23)中忽略 Y_{g2} 的扩散源项，进一步简化为

$$\frac{\text{d}Y_{\text{g1}}}{\text{d}x}=\frac{A}{u_{\text{g}}}Y_{\text{g}}e^{-E/(RT_{\text{s}})} \qquad (2\text{-}26)$$

热波的传播速度为

$$\omega = \frac{c_g \rho_g u_g}{c_s \rho_s (1-\varepsilon)} \left(1 - \frac{\Delta T_{ad}}{T_{max} - T_0}\right) \tag{2-27}$$

完整的模型已经简化为单一的准稳态平衡固体温度和组分的微分方程，方程(2-25)、方程(2-26)构成了简化解：仅由两个常微分方程组成，与完整数值模型比较，得到了很大的简化。而热波的传播速度可以根据方程(2-27)确定，通过与方程(2-25)、方程(2-26)联合求解，就可以确定给定工况的解。

应用下列边界条件对方程分离变量，从 $x = 0$ 到 $x = L/2$ 积分。

反应器入口：　　　$T\big|_{x=0} = T^0 + \frac{\Delta T_{ad}}{2}\left(1 - \frac{Y_e}{Y_0}\right),\ Y_1\big|_{x=0} = Y^0 = 1,\ Y_2\big|_{x=0} = Y^e$

燃烧器中心(对称点)：　　$Y_1\big|_{x=L/2} = Y_2\big|_{x=L/2}$

$$\int_{T_0 + \frac{1}{2}\Delta T_{ad}}^{T_{max}} \frac{1}{Ge^{\frac{E}{RT_s}} - F}\, dT_s = Y_0 - Y_e = Y_0 = 1 \tag{2-28}$$

用一个简单的迭代程序就可以得到 T_{max}，对于预热段，假设没有化学反应，由方程直接得到反应器入口的温度梯度为

$$\frac{dT_s}{dx} = \frac{h_0 \gamma \varepsilon \rho_g u_g Y_0}{2\lambda_{eff}} \tag{2-29}$$

第四节　煤矿乏风瓦斯热逆流运行特性分析

煤矿乏风瓦斯在氧化床中的热逆流氧化涉及许多物理化学过程，包括多组分气体在不同形状通道中的流动、气体与固体骨架间的对流换热和辐射换热、固体骨架导热和辐射换热、气体在多孔介质孔隙中的空间气相反应，甚至涉及固体微孔的表面吸附等。此外，多孔介质的弥散性增加了这些过程的复杂程度，以上过程相互作用、相互耦合，使得对乏风瓦斯多孔介质热逆流氧化过程精确求解非常困难。本节利用 Fluent 软件，结合研究问题的实际情况，对软件进行适当的二次开发，建立煤矿乏风瓦斯热逆流氧化的一维数学模型，对乏风在蜂窝陶瓷中的氧化特性进行较详尽的研究，得出化学反应机理、蜂窝陶瓷孔隙率、蜂窝陶瓷规格、乏风量、乏风甲烷浓度、换向半周期及蜂窝陶瓷比热容等参数对乏风在氧化床热逆流运行情况的影响。

一、计算模型

本节模拟计算对象为自行设计的煤矿乏风热逆流氧化装置，气流在氧化床内左右流动。氧化床尺寸为长 2.1m×宽 0.6m×高 0.6m，由若干块规格相同的方形蜂窝陶

瓷填充而成。由于氧化床内的气流通道分布均匀，气流通道当量直径远小于氧化床尺度，所以可以把蓄热氧化床看作均匀多孔介质，采用当量连续法进行模拟。

二、控制方程组

乏风瓦斯的热逆流氧化反应的模拟涉及热传导、对流、辐射和化学反应诸多方面，如果对其过程进行详尽模拟，则运算量较大。为了简化，研究中做如下假设：

(1) 不考虑扩散效应引起的组分和能量扩散；

(2) 多孔介质为各向同性的、惰性的光学厚介质；

(3) 混合气体为理想气体，气体在多孔介质中的流动为层流；

(4) 化学反应简化为单步总体反应；

(5) 蜂窝体表面为光滑表面，质量分布均匀；

(6) 氧化床外壁面是绝热的。

控制方程简化为

状态方程为

$$\rho_{\mathrm{g}} = \frac{RT_{\mathrm{g}}}{pM_{\mathrm{g}}} \tag{2-30}$$

连续方程为

$$\frac{\partial \rho_{\mathrm{g}}}{\partial t} + \frac{\partial (\rho_{\mathrm{g}} u_{\mathrm{g}})}{\partial x} = 0 \tag{2-31}$$

气体能量守恒方程为

$$\rho_{\mathrm{g}} c_{\mathrm{g}} \frac{\partial T_{\mathrm{g}}}{\partial t} + \rho_{\mathrm{g}} c_{\mathrm{g}} u_{\mathrm{g}} \frac{\partial T_{\mathrm{g}}}{\partial x} = -k_{\mathrm{g}} \frac{\partial^2 T_{\mathrm{g}}}{\partial x^2} + \frac{h}{\varepsilon} a_{\mathrm{v}} \left(T_{\mathrm{s}} - T_{\mathrm{g}} \right) + \sum_{j=1}^{N_{\mathrm{g}}} M_j \dot{R}_{\mathrm{g},j} H_j \tag{2-32}$$

固体能量守恒方程为

$$\rho_{\mathrm{s}} c_{\mathrm{s}} \frac{\partial T_{\mathrm{s}}}{\partial t} = -k_{\mathrm{s}} \frac{\partial^2 T_{\mathrm{s}}}{\partial x^2} + \frac{\partial q_{\mathrm{rad}}}{\partial x} + \frac{h}{1-\varepsilon} a_{\mathrm{v}} \left(T_{\mathrm{g}} - T_{\mathrm{s}} \right) \tag{2-33}$$

式中，$q_{\mathrm{rad}} = -16\sigma T^4 / (3\beta)$，其中 σ 是斯特藩-玻尔兹曼常数，$\sigma = 5.672 \times 10^8\ \mathrm{W/(m \cdot K)}$，$\beta$ 为消光系数，$\beta = 1.5\varepsilon_{\mathrm{r}}(1-\varepsilon) S_{\mathrm{r}} / d_{\mathrm{p}}$，$\varepsilon_{\mathrm{r}}$ 为蜂窝陶瓷的发射率，S_{r} 为比例系数，$S_{\mathrm{r}} = 1 + 1.84 \times (1-\varepsilon) + 3.15 \times (1-\varepsilon)^2 + 7.2 \times (1-\varepsilon)^3$，$\varepsilon = 0.3$；$h$ 为对流传热系数；a_{v} 为比表面积。

组分方程为

$$\rho_{\mathrm{g}} \frac{\partial Y_{\mathrm{g},i}}{\partial t} + \rho_{\mathrm{g}} u_{\mathrm{g}} \frac{\partial Y_{\mathrm{g},i}}{\partial x} = -\rho_{\mathrm{g}} D_{i,\mathrm{m}} \frac{\partial^2 Y_{\mathrm{g},i}}{\partial x^2} + \frac{k_{i,\mathrm{m}}}{\varepsilon} \rho_{\mathrm{g}} \left(Y_{\mathrm{s},i} - Y_{\mathrm{g},i} \right) + M_i \dot{R}_{\mathrm{g},i} = 0 \quad (i = 1, \cdots, N_{\mathrm{g}}) \tag{2-34}$$

$$k_{i,\mathrm{m}} \rho_{\mathrm{g}} \left(Y_{\mathrm{g},i} - Y_{\mathrm{s},i} \right) = M_i \dot{R}_{\mathrm{g},i} \quad (i = 1, \cdots, N_{\mathrm{g}}) \tag{2-35}$$

式中，下标 s 代表固体标量；下标 g 代表气体标量；$k_{i,m}$ 为对流传质系数，通过类比泰勒-阿里斯离散度获得。

三、物性参数

(一)蜂窝陶瓷体的物性参数

氧化装置采用堇青石和莫来石两种材质的蜂窝陶瓷蓄热体，此两种材质热物理性质相差不多，计算时选取二者的平均值，则其热物理性质如下。

(1)密度为 $\rho = 2500 \text{kg/m}^3$。

(2)蜂窝陶瓷固体骨架的比热容随温度变化满足以下关系：

$$c_p = 0.23T + 907.6 \tag{2-36}$$

(3)蜂窝陶瓷固体骨架的导热系数随温度变化满足以下关系：

$$\lambda = 0.000666T + 1.305 \tag{2-37}$$

(二)气体的物性参数

乏风混合气体的物性参数随着温度等的变化会发生相当大的变化，所以本节采用随温度变化的物性值，可以较好地模拟整个燃烧过程。

混合气体密度设置为理想气体，混合气体的比定压热容为

$$c_p = \sum m_i c_{p,i} \tag{2-38}$$

式中，m_i 为各组分的质量分数；乏风中各组分的比定压热容 $c_{p,i}$ 和导热系数 λ 与其温度有一定的关系，按拟合多项式求得

$$c_{p,i} = a_{i,0} + a_{i,1}T + a_{i,2}T^2 + a_{i,3}T^3 + a_{i,4}T^4 \tag{2-39}$$

温度在 300～1500K 时式(2-39)中各组分多项式系数见表 2.4。

表 2.4 乏风各种组分的多项式系数

系数	N_2	CH_4	O_2	CO_2	H_2O
$a_0/(\text{J}/(\text{kg·K}))$	$1.02705×10^3$	$2.005×10^3$	$8.76317×10^2$	$5.35446×10^2$	$1.93780×10^3$
$a_1/(\text{J}/(\text{kg·K}^2))$	$2.016182×10^{-2}$	$-6.81428×10^{-1}$	$1.22828×10^{-1}$	1.27867	-1.18077
$a_2/(\text{J}/(\text{kg·K}^3))$	$1.48638×10^{-4}$	$7.08589×10^{-3}$	$5.58304×10^{-4}$	$-5.46776×10^{-4}$	$3.64357×10^{-3}$
$a_3/(\text{J}/(\text{kg·K}^4))$	$-4.4842×10^{-8}$	$-4.71368×10^{-6}$	$-1.20247×10^{-4}$	$-2.38114×10^{-7}$	$-2.86327×10^{-6}$
$a_4/(\text{J}/(\text{kg·K}^5))$		$8.51317×10^{-10}$	$1.14741×10^{-9}$	$1.89204×10^{-10}$	$7.59578×10^{-10}$

四、单值性条件

(一)边界条件

由于不涉及反应过程中的中间产物以及有关自由基生成的研究，模型使用甲烷氧化的单步反应机理对于反应的热量生产和反应停留时间的计算基本准确。蜂窝陶瓷内气固两相控制方程组(方程(2-30)～方程(2-35))不能直接在商用软件 Fluent 中求解，传热传质系数在软件中也没有预先定义，通过在用户定义函数(UDFs)中修改设置进行计算。这些系数的数值在每一个时间步长中更新。在每一个时间步长内，由于反应而消耗或生成的气相成分 i 表示成 $\dot{R}_{s,i} = \dfrac{X_{g,i_g}^{t+\Delta t} - X_{g,i_g}^{t}}{\Delta t}$，将这个数值代入方程(2-32)和方程(2-33)中。相应地，可以获得由表面反应放出的热量。数值计算中时间步长为 10^{-5} s，空间区域分为 800 个网格。

$$x = 0: \qquad\qquad T_g(x,t) = T_{g,inlet} \qquad\qquad\qquad (2\text{-}40)$$

$$h(T_g(x,t) - T_s(x,t)) = -k_s \frac{\partial T_s(x,t)}{\partial x} \qquad\qquad (2\text{-}41)$$

$$Y_g(x,t) = Y_{g,inlet} \qquad\qquad\qquad (2\text{-}42)$$

$$x = L: \qquad \frac{\partial T_g(x,t)}{\partial x} = 0, \quad \frac{\partial T_s(x,t)}{\partial x} = 0, \quad \frac{\partial Y_{g,i}(x,t)}{\partial x} = 0 \qquad (2\text{-}43)$$

(二)换向条件

乏风在氧化床内持续一个方向流动的时间称为半个换向周期(简称半周期)，换向动作瞬间完成，不需要时间。换向瞬间前后的气体的流动状态、温度、物性参数以及蜂窝陶瓷体的物性参数均不发生变化。

乏风气体从氧化床一端进入氧化床，并持续半周期进行换向，原压力出口变为速度入口，入口速度大小和方向以及气体组分与上个半周期一样；原速度入口变为压力出口，出口参数设置与上个半周期相同。这样混合气体在氧化床内的一正一逆持续流动的时间组成一个换向周期，如此循环进行，直至进入稳定状态。

(三)初始条件

系统运行之前，需对氧化床进行预热，以达到乏风氧化所需的温度，使装置能自维持运行。研究表明，氧化床进入稳定运行以后，运行状态与起动过程无关。因此，数值模拟中暂不考虑氧化床起动过程的影响，只考察氧化床运行过程中物性参数和运行参数对氧化床性能的影响。本节模拟时，把多孔介质初始温度设置为热起动结束时氧化床温度分布函数，在 Fluent 中通过导入 UDF 程序来实现氧化床温度场的初始化，初始浓度和温度与入口乏风的参数相同。

（四）计算终止条件

本节采用监视氧化床出口气体温度变化情况来判断氧化床是否进入稳定运行状态，一般认为当氧化床进入稳定运行便可终止计算。当某一个周期结束时氧化床出口端温度与上一周期结束时的温度差值小于 0.1℃时，近似认为氧化床已经达到稳定运行工作状态，此时计算终止。

五、结果分析

（一）热波特征

将低浓度甲烷的空气混合气引入已经事先预热至反应温度的蜂窝陶瓷氧化床时，由于气固两相间的换热和燃烧反应，在床层内会形成一个两端相对平坦、中间局部陡峭的瞬态轴向温度分布，经多次换向后，床层内形成中间高、两侧低的轴向温度分布，并且整个轴向温度分布沿气流方向以远小于气流速度的速度缓慢移动，像波的传播一样，因此称为热波，如图 2.11 所示。热波的形状与特征参数，如峰值温度、平均温度和移动速度，决定了给定氧化反应系统的性能，也提供了大量关于反应、传热系统的有用信息，因而应当充分了解它们与操作条件之间的相互关系。

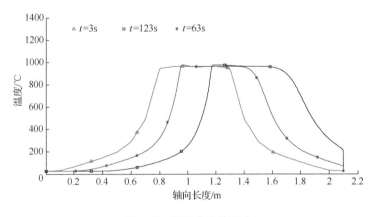

图 2.11　热波曲线的运动

（二）氧化床温度场及组分场在一个周期内的变化

图 2.12 是在换向时间为 150s、混合气流速为 0.5m/s、进气甲烷浓度为 0.5%的条件下进行模拟的。图 2.12 中所取得曲线分别为每个周期甲烷混合气从左向右流动刚开始时刻的温度场，从图中可以看出，随着时间的延长，温度场的宽度明显增加，

波峰也略有增加。这是因为随着反应的进行，甲烷燃烧放出的热量大量积累，从而向周围扩散，使得反应的范围扩大，越来越多的甲烷参与反应，又放出大量的热量，这样经过几个周期后，温度场分布会到达氧化床的边缘。

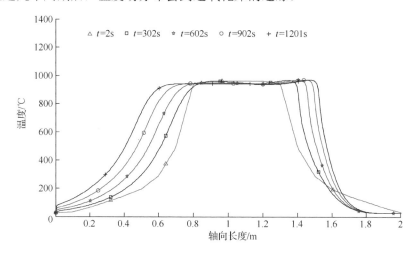

图 2.12　不同周期同一时刻气体从左向右流的轴向温度分布图

　　图 2.13 和图 2.14 是在换向时间为 150s、混合气流速为 0.5m/s、进气甲烷浓度为 0.5%的条件下进行模拟的。从图 2.13 和图 2.14 可以明显看出，在同一个周期内，无论甲烷混合气从哪边流动，曲线的趋势是相似的，刚开始，曲线是平的，甲烷体积浓度变化为 1。这说明还没有达到甲烷反应的温度，甲烷还没有反应，越往中间流动，温度越高。甲烷开始反应，曲线开始下降，由于甲烷浓度较低，所以很快便反应完全。由于不停地吹甲烷，所以曲线由一边逐渐向中间移动。

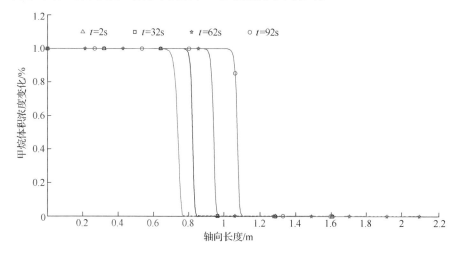

图 2.13　同一周期中不同时刻气体从左向右流的轴向组分分布图

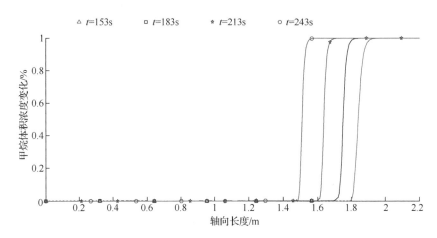

图 2.14　同一周期中不同时刻气体从右向左流的轴向组分布图

换向时间为 150s、混合气流速为 0.5m/s、进气甲烷浓度为 0.5%的条件下计算结果如图 2.15 和图 2.16 所示。从图 2.15 和图 2.16 可以看出，不同周期的同一时刻，曲线都向两边移动了。这是因为经过一个周期后，甲烷反应放出更多的热量使温度场向两边移动，甲烷也就更快地反应，所以曲线向两边移动。比较图 2.15 和图 2.16 可以看出，两条曲线的间隔距离不同。这是因为随着时间的延长，阻力不断地积累，导致甲烷速度降低，所以间隔距离会减小。

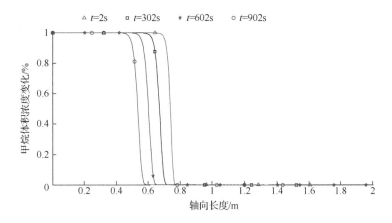

图 2.15　不同周期的同一时刻气体从左向右流的轴向组分布图

(三)进气甲烷浓度对温度分布的影响

图 2.17 是进气甲烷浓度对高温区宽度和峰值温度的影响。模拟过程中，进气甲烷浓度分别为 0.3%、0.4%、0.5%、0.6%和 0.7%。

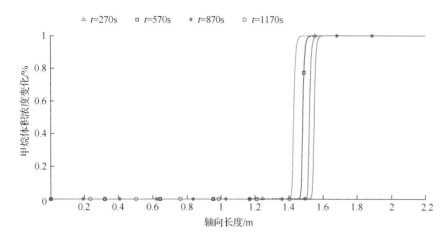

图 2.16　不同周期的同一时刻气体从右向左流的轴向组分布图

从图 2.17 中可以看出，在氧化床着火的初期，各种浓度下氧化床高温区都是先变宽，伴随着峰值温度的升高。这是由于随着氧化床的蓄热和温度场的移动，甲烷着火位置向两侧移动；在本节研究的条件下，大约 1h 之后高温区宽度开始减小。这个过程中氧化床的峰值温度保持相对稳定。在数值模拟的末期，高温区宽度趋于稳定，氧化装置进入稳定的周期性运行工况。进气甲烷浓度越高，高温区越宽，氧化床的峰值温度也越高，温度场越稳定，氧化装置内燃烧过程的健壮性越好。需要指出的是，本节研究条件下进气甲烷浓度为 0.7%时氧化床峰值温度比 0.3%时要高约 160℃。考虑到氧化装置运行的可靠性及 NO_x 控制的需要，氧化装置内峰值温度不宜过高。确定的氧化装置应有其适用的甲烷浓度范围。针对较高浓度的甲烷应考虑提取其燃烧放热。

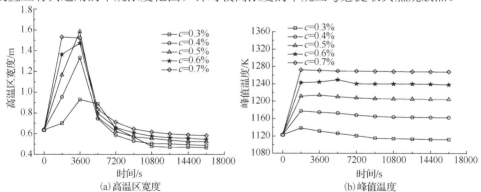

图 2.17　进气甲烷浓度的影响

图 2.18 和图 2.19 是在换向时间为 150s、混合气流速为 0.5m/s、不同进气甲烷浓度的条件下进行模拟的。从图 2.18 和图 2.19 可以看到，其他条件相同时，进气甲烷的浓度越高，峰值温度就越高并越靠近入口端，高温区也越宽，而且高温区中间凹

度越深，进出口温度梯度越大。当整个反应段处于高温区时，由于浓度相对较高的甲烷进入反应段后迅速燃烧放出大量的热，热量来不及向出口端转移，累积而形成一个突出的温峰。

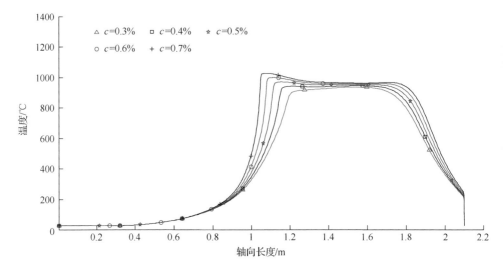

图 2.18　气体从右向左流时进气甲烷浓度对轴向温度分布的影响

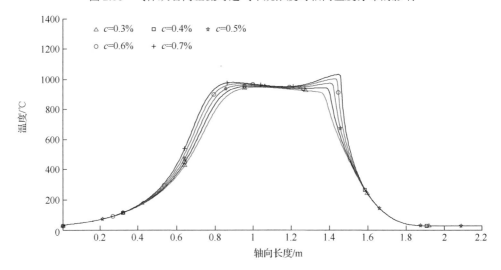

图 2.19　气体从左向右流时进气甲烷浓度对轴向温度分布的影响

但是，进气甲烷的浓度过高，可能造成"飞温"失控，对陶瓷蓄热体造成破坏；进气甲烷的浓度较低，峰值温度就会降低，高温区变窄；进气甲烷的浓度过低，就会使反应释放出来的热量少于气体带走的热量，床层温度不断下降，最终降到甲烷氧化温度以下，致使反应无法继续进行而"熄火"。从图中还可以看出，峰值温度高过 700℃。气体流量足够大，高温的废气可以通过废热锅炉予以回收利用。

（四）流速对温度分布的影响

图 2.20 和图 2.21 是在换向时间为 150s、进气甲烷浓度为 0.5%、不同混合气流速的条件下进行模拟的。图 2.20 和图 2.21 给出了流速对温度分布的影响，随着混合气流速从 0.15m/s 增大到 0.4m/s，峰值温度升高，高温区加宽，但是当混合气流速从 0.6m/s 增大到 0.7m/s 时，峰值温度开始逐渐降低，高温区也逐渐变窄。这种现象说

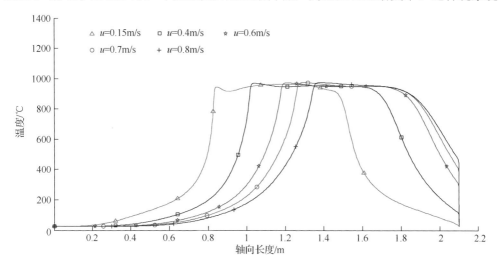

图 2.20　不同流速气体从左向右流的轴向温度分布图

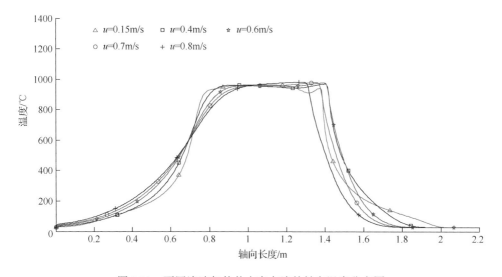

图 2.21　不同流速气体从右向左流的轴向温度分布图

明流速对热波曲线影响有两种情况。当反应物浓度较低时，燃烧反应所放出的热量随着流速的增大而增大，因为浓度不变的情况下，对于同一个反应器，流速增大也就是流量的增大，燃烧反应会在反应器内放出更多热量，从而使固体床层温度上升，热波峰值温度和床层平均温度也会上升。流速上升虽然使单位时间进入反应区反应物的数量增加，提高了反应速率，放出了更多的热量，但是热效应的激增随着流速的继续上升而逐渐减弱，因为流速升高而多带走的热量会大量增加，这就使得在某一条件下，因流速升高而多带走的热量超过了因热效应激增而放出的热量。因此控制可逆式燃烧反应器时，不能认为热波的峰值温度会随混合气流速的增大或减小而单纯地增大或减小，而要根据实际情况作出判断，从而正确指导实际操作。

（五）换向周期对温度分布的影响

图 2.22 和图 2.23 是在进气甲烷浓度为 0.5%、混合气流速为 0.5m/s、不同换向周期的条件下进行模拟的。从图 2.22 和图 2.23 中可以看到，随着换向周期的延长，峰值温度略有降低并有向反应器出口方向移动的趋势。这是由于换向周期较长时，入口端长时间被冷的进料气冷却，温度呈整体下降的趋势，达到和超过反应温度的反应区逐渐缩短并向出口方向移动，反应释放的热量也移向出口端，使得出口端的温度整体升高。如果换向周期过长，有可能使热波波峰移出催化段，反应将不再维持自热。

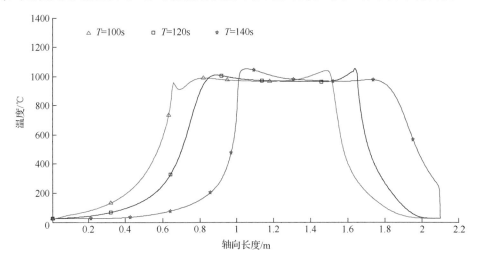

图 2.22　不同换向周期的气体从左向右流的轴向温度分布图

（六）孔隙率对温度分布的影响

图 2.24 和图 2.25 是在进气甲烷浓度为 0.5%、混合气流速为 0.5m/s、换向时间为 150s、不同孔隙率的条件下进行模拟的。从图 2.24 和图 2.25 中可以看出，随着孔隙率的增加，热波的峰值温度先增大后减小，宽度也如此，这与流速对其影响相同。

孔隙率增大，单位体积的固体介质减少，氧化床的流通能力增强。密度与比热容的乘积代表蓄热体的蓄热能力。孔隙率增大，蓄热体的密度减小，蓄热能力降低，因此气体的出口温度升高。提高蜂窝陶瓷的孔隙率，可以有效降低氧化床的阻力损失，但是氧化床的蓄热能力也明显降低。由于煤矿乏风中的甲烷浓度非常低，要求氧化床有很强的蓄热能力才能够达到维持自运行的氧化温度。因此，在确定蜂窝陶瓷的孔隙率时应根据氧化床各部位的功能及要求，综合考虑阻力损失和蓄热能力等因素。在氧化床的入口处和出口处，气体的温度较低，流通阻力相对较低，应选用孔隙率小的蜂窝陶瓷，以提高其蓄热能力，保证高温氧化区域的宽度，有利于氧化床的稳定运行。在氧化床中部高温氧化区域，气体因温度升高而体积膨胀数倍，应选用孔隙率大

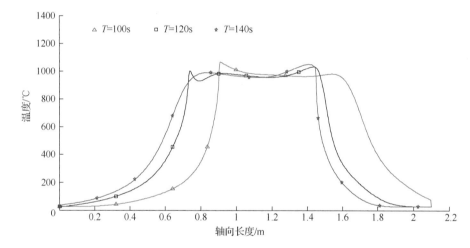

图 2.23　不同换向周期的气体从右向左流的轴向温度分布图

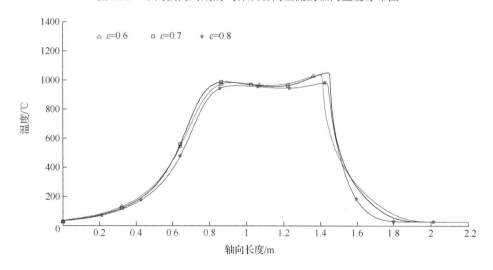

图 2.24　气体从右向左流时孔隙率对轴向温度分布的影响

的蜂窝陶瓷，以有效降低氧化床的流动阻力。从上面计算结果可以看出，提高蜂窝陶瓷的孔隙率，可以有效降低氧化床的阻力损失，但是氧化床的蓄热能力也明显减少。

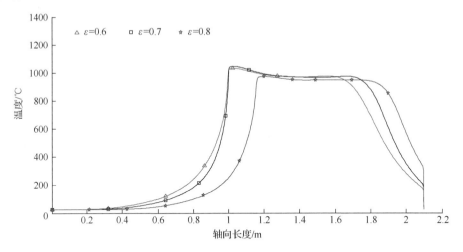

图 2.25　气体从左向右流时孔隙率对轴向温度分布的影响

（七）多孔介质比热容对温度分布的影响

图 2.26 和图 2.27 是在进气甲烷浓度为 0.5%，混合气流速为 0.5m/s、换向时间为 150s、不同比热容的条件下进行模拟的。从图 2.26 和图 2.27 可以看出，蜂窝陶瓷的比热容对气体出口温度影响较大，比热容从 800J/(kg·K) 增加到 1020J/(kg·K)，氧化床的出口温度可以降低 20K，效果非常明显。这是因为蜂窝陶瓷的蓄热能力与比热容成正比，随着比热容的增加，陶瓷的蓄热能力增强，热量开始向中间部分聚集，而两边温度较低，所以出口温度下降。

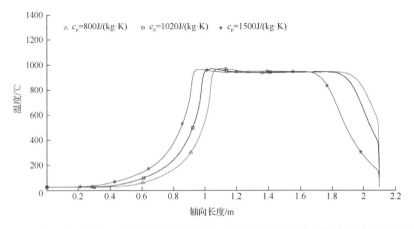

图 2.26　不同周期的同一时刻气体从左向右流时多孔介质比热容对轴向温度分布的影响

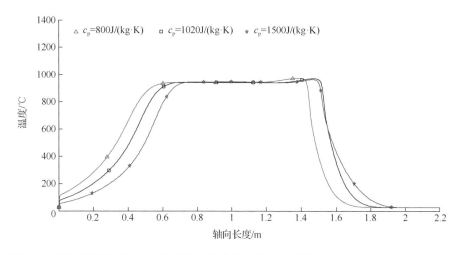

图 2.27　不同周期的同一时刻气体从右向左流时多孔介质比热容对轴向温度分布的影响

(八)进气甲烷浓度对组分场分布的影响

图 2.28 与图 2.29 是在混合气流速为 0.5m/s、换向时间为 150s、不同进气甲烷浓度的条件下进行模拟的。从图 2.28 与图 2.29 可以看出，在同一周期的同一时刻，随着进气甲烷浓度的增加，曲线都向两边移动。这是因为进气甲烷浓度增大后，反应放出的热量增加，热量向两边扩散，因此达到甲烷氧化的温度向两边移动。另外，浓度越高，需要越长的反应时间，而浓度越低，反应越快，因此进气甲烷浓度越高，越靠近两边。这与进气甲烷浓度对温度场的影响规律正好吻合，越靠近两边则反应的范围越大，热量所形成的范围也越大，因此温度场的分布越宽。

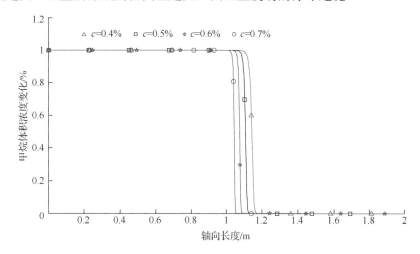

图 2.28　不同进气甲烷浓度气体从左向右流的轴向组分分布图

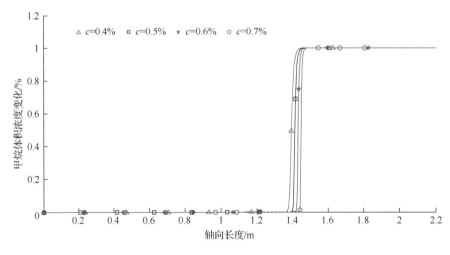

图 2.29　不同进气甲烷浓度气体从右向左流的轴向组分分布图

（九）流速对组分场分布的影响

图 2.30 是在进气甲烷浓度为 0.5%、换向周期为 150s、不同流速的条件下进行模拟的。从图 2.30 中可以看出，流速从 0.15m/s 增大到 0.4m/s，曲线向边缘移动，但从 0.4m/s 增大到 0.8m/s 时，曲线又向中间移动。这是因为当反应物浓度较低时，燃烧反应所放出的热量随着流速的增大而增大，因为浓度不变的情况下，对于同一个反应器，流速增大也就是流量的增大，燃烧反应会在反应器内放出更多热量，从而使固体床层温度上升，热波峰值温度和床层平均温度也会上升。热量向两边扩散，达到甲烷氧化温度的范围也向两边扩大，因此曲线向两边移动。

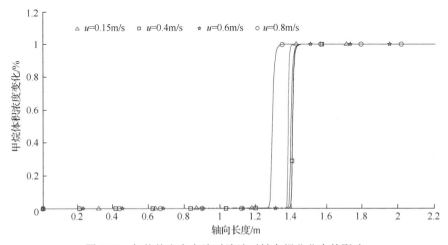

图 2.30　气体从右向左流时流速对轴向组分分布的影响

(十)换向周期对组分场分布的影响

图 2.31 是在进气甲烷浓度为 0.5%、混合气流速为 0.5m/s、不同换向周期的条件下进行模拟的。从图 2.31 中可以看出，随着换向周期的增加，曲线向边缘移动。这是由于换向周期较长时，入口端长时间被冷的进料气冷却，温度呈整体下降的趋势，达到和超过反应温度的反应区逐渐缩短并向出口方向移动，反应释放的热量也移向出口端，使得出口端的温度整体升高。因此达到甲烷氧化的温度范围向边缘移动，这与换向周期对温度场的影响一致。

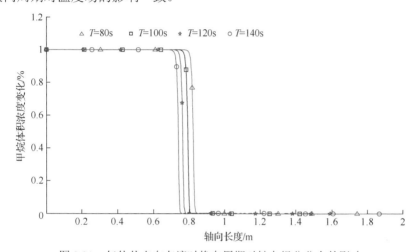

图 2.31 气体从右向左流时换向周期对轴向组分分布的影响

(十一)导热系数对氧化床燃烧特性的影响

图 2.32 为蜂窝陶瓷导热系数对高温区宽度、峰值温度的影响。蜂窝陶瓷导热系数分别为 0.05W/(m·K)、0.5W/(m·K)、1.46W/(m·K)、4W/(m·K) 和 8W/(m·K)。

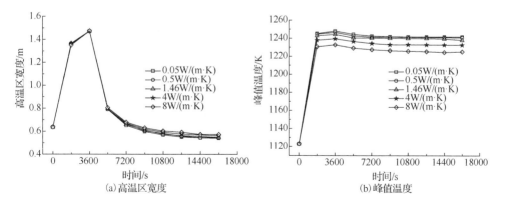

(a)高温区宽度　　　　　(b)峰值温度

图 2.32 蜂窝陶瓷导热系数的影响

　　导热系数越大，热量扩散的作用越强。而热量扩散起两方面的作用：增加高温区的宽度，降低高温区的峰值温度。如图 2.32 所示，导热系数为 8W/(m·K) 的情况下达到周期性稳定工况时高温区最宽，峰值温度最低。目前实际应用的蜂窝陶瓷导热系数多在 2W/(m·K) 以下，考虑到其壁面的多孔结构，实际的当量导热系数可能更小。而在 0.05～1.46W/(m·K) 时氧化床的高温区宽度和峰值温度的变化都很小，也就是说在实际工程应用中可以忽略导热系数对温度场结构的影响。

(十二) 热损失系数对氧化床燃烧特性的影响

　　热损失系数是表示氧化床壁面对外散热强弱的参数。图 2.33 为氧化床热损失系数对高温区宽度、峰值温度的影响。模拟过程中，氧化床热损失系数分别为 130W/(m³·K)、180W/(m³·K)、230W/(m³·K)、280W/(m³·K) 和 330W/(m³·K)。热损失系数越大，氧化床对外散失的热量越大，燃烧后放出的热量储存在蜂窝陶瓷中的比例就越小，因此，床层整体的温度分布有下降的趋势，高温区宽度越小，峰值温度越低。

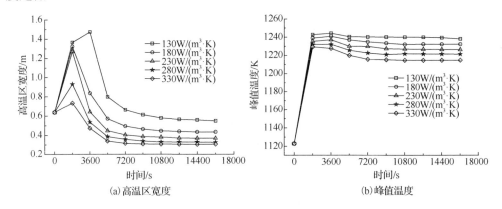

(a) 高温区宽度　　　　　　　　　　(b) 峰值温度

图 2.33　氧化床热损失系数的影响

　　从图 2.33 中可以看出，热损失系数从 130W/(m³·K) 增大到 330W/(m³·K)，高温区的峰值温度大约降低 25℃，一般来说这不会影响氧化装置的稳定运行，甚至还能起到降低 NO_x 排放的作用。但是同时高温区宽度减小近 50%，显著降低了整个温度场的健壮性。这一方面说明保温措施对于氧化装置的稳定运行非常重要，在装置的设计、施工中需要特别注意；另一方面说明在提取氧化装置内过量的反应热时需要仔细核对取热量，以免影响装置的稳定运行。

参 考 文 献

[1]　刘伟, 范爱武, 黄晓明. 多孔介质传热传质理论与应用. 北京: 科学出版社, 2006.
[2]　林瑞泰. 多孔介质传热传质引论. 北京: 科学出版社, 1995.

[3] 王鹏飞. 煤矿乏风低浓度瓦斯热逆流氧化理论及实验研究. 长沙: 中南大学, 2012.

[4] ZHDANOK S, KENNEDY L A, KOESTER G. Superadiabatic combustion of methane air mixtures under filtration in a packed bed. Combustion and Flame, 1995, 100: 221-231.

[5] FOUTKO S I, STANISLAV S I, HDANOK S A, et al. Superadiabatic combustion wave in a diluted methane-air mixture under filtration in a packed bed. Symposium(International) on Combustion, 1996, 26(2): 3377-3382.

[6] TAKENO T, SATO K. An excess enthalpy flame theory. Combustion Science and Technology, 1979, 20: 73-84.

[7] TAKENO T, SATO K, Hase K. A theoretical study on an excess enthalpy flame. Symposium (International) on Combustion, 1981, 18(1): 465-472.

[8] KOTANI Y, TAKENO T. An experimental study on stability and combustion characteristics of an excess enthalpy flame. Symposium(International) on Combustion, 1981, 19(1): 1503-1509.

[9] 杜礼明, 解茂昭. 预混气体在多孔介质中往复流动下超绝热燃烧的理论探讨. 能源工程, 2003(5): 6-11.

[10] TURNS S R. 燃烧学导论: 概念与应用. 姚强, 李水清, 王宇, 译. 北京: 清华大学出版社, 2008.

[11] 吕兆华, 王志武, 孙思诚, 等. 多孔陶瓷燃烧器火焰温度的测定. 发电设备, 1997,11(8): 35-38.

[12] 解茂昭, 杜礼明, 孙文策. 多孔介质往复流动下超绝热燃烧技术的进展与前景. 燃烧科学与技术, 2002, 8(6): 520-524.

第三章 蓄热氧化床的阻力特性

氧化床的阻力特性与传热特性是蓄热体性能的两个重要参数指标。热逆流氧化装置本身的能耗主要来自风机的电耗，为 $30\sim35kW/10^4m^3$，其流动阻力损失也是进行风机匹配的关键因素之一。降低氧化装置流动阻力损失，能够有效地降低氧化装置的能耗。

热逆流氧化装置的流动阻力损失主要来自三方面：管路流动阻力损失、蓄热氧化床内部的流动阻力损失和蓄热乏风进出氧化装置的局部阻力损失。其中乏风进出氧化装置的局部阻力损失和蓄热氧化床内部的流动阻力损失是氧化装置阻力损失的主要组成部分。另外，蓄热体的阻力损失还会影响气流管路和蓄热室的设计。蜂窝陶瓷作为蓄热氧化床的主要组成部件，氧化床的阻力损失与运行参数和蜂窝陶瓷的结构参数与物性参数均相关。因此，首先对蜂窝陶瓷的阻力特性和换热特性进行研究，从而对氧化床的结构进行优化设计，在保证装置稳定运行的前提下，尽可能减小氧化床的阻力损失。

第一节 蜂窝陶瓷蓄热体阻力理论分析

流体在流经管路系统时，其能量损失通常分为两种：沿程阻力损失和局部阻力损失。流体在流经直管道时，由流体内部黏性摩擦所引起的能量损耗称为沿程阻力损失[1]。同时管路系统中除了直管外，还必须包含一些局部构件或连接件，如管子绕过障碍物时需要弯头，两个不同直径的管子连接时需要一个过渡构件如突缩管或突扩管，为了调节和控制流量管路中的流量还需要安装阀门等。只要直管段内的平行直线流动受到扰动，就会产生一个局部的阻力损失，叠加在直管段的沿程阻力损失上。这种黏性流体在经过各种局部构件或连接件时产生的额外的阻力损失称为局部阻力损失[2]。

蜂窝陶瓷蓄热体由许多大小相同的孔通道组成，由于蓄热体通道的尺寸非常小，蓄热体内气体的雷诺数(Re)通常在 50～2000，所以认为流体在蓄热体内的流动是充分发展了的层流[3]，另外蜂窝陶瓷蓄热体通道为直通道，因此，蓄热体具有低压降、比表面积大的特点。蓄热体内部孔通道可以看作若干细直管道紧密组成的直管束，可以采用流体在直管内流动的模型进行相关计算。在实际计算中，由于蓄热体的有效流通面积要小于蓄热体的横截面积，所以流体在进入蓄热体时会有一个突然收缩的过程，在流出蓄热体时，又会有一个突然扩张的过程，这样就会使流体在蓄热体入口段和出口段产生局部阻力损失[4]。

综上所述，根据气体在蓄热体内流动的特点，当气体流过蓄热体时的阻力损失主要包括以下几部分[5]，其阻力分布如图 3.1 所示。

(1)在入口段，因蓄热体流通横截面积缩小产生的局部阻力损失Δp_1。

(2)气体流过蓄热体时的沿程阻力损失Δp。

(3)在出口段，因气体流出蓄热体时截面突然扩大而产生的局部阻力损失Δp_2。

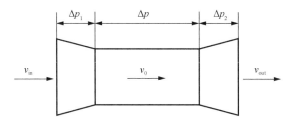

图 3.1　液体流经蓄热室时的阻力分布

由文献[4]可知，流体流经蓄热室时的局部阻力损失 Δp_1 和 Δp_2 为

$$\Delta p_1 = \frac{\rho_\mathrm{f} v_0^2 \, (1 - \varepsilon^2 + K')}{2} \tag{3-1}$$

$$\Delta p_2 = \frac{\rho_\mathrm{f} v_0^2 \, (1 - \varepsilon^2 - K'')}{2} \tag{3-2}$$

根据 Hagen-Poiseuille 方程，蓄热体单通道的沿程阻力损失为

$$\Delta p = f \frac{L v_0^2}{2 D_\mathrm{h}} \tag{3-3}$$

因此，假定蜂窝陶瓷蓄热体的单个孔通道形状为规整的几何体(六边形、四边形或圆形)，则可以认为气流是均匀地流过整个蓄热体的。此时，蓄热体的阻力损失可以由式(3-3)求出。

考虑到孔隙率 ε 对蓄热体阻力损失的影响，对蜂窝结构的蓄热体，其计算公式为

$$\Delta p = f \frac{\rho_\mathrm{f} v_0^2 \, L}{2 D_\mathrm{h} \varepsilon^2} \tag{3-4}$$

所以，蓄热室内蓄热体总的阻力损失为

$$\sum \Delta p = \Delta p_1 + \Delta p_2 + \Delta p \tag{3-5}$$

将式(3-1)、式(3-2)、式(3-4)代入式(3-5)，得

$$\sum \Delta p = \frac{\rho_{\mathrm{f}} v_0^2}{2} \left(2 - 2\varepsilon^2 + K' - K'' + \frac{fL}{D_{\mathrm{h}}\varepsilon^2} \right) \tag{3-6}$$

通过实验测得蓄热室内蓄热体总阻力损失之后，可依据式(3-4)、式(3-6)求出蓄热体的阻力损失系数：

$$f = \left(\frac{2\sum \Delta p}{\rho_{\mathrm{f}} v_0^2} - 2 + 2\varepsilon^2 - K' + K'' \right) \frac{D_{\mathrm{h}}\varepsilon^2}{L} \tag{3-7}$$

即

$$f = \frac{2 D_{\mathrm{h}} \varepsilon^2}{\rho_{\mathrm{f}} v_0^2 L} \left(\sum \Delta p - \Delta p_1 - \Delta p_2 \right) \tag{3-8}$$

式中，f 为蓄热体阻力损失系数；ρ_{f} 为流体密度；ε 为蓄热体的孔隙率；v_0 为表观速度；D_{h} 为当量直径；K' 为入口阻力损失系数，蜂窝陶瓷蓄热体为 1.04；K'' 为出口阻力损失系数，蜂窝陶瓷蓄热体为-0.3；L 为蓄热体长度。

综合以上各式可以得出，流体流经蓄热体时的阻力损失与蓄热体的几何参数和物性参数有密切关系。

第二节　蜂窝陶瓷蓄热体稳态阻力特性

一、实验系统介绍

采用蜂窝陶瓷蓄热体综合性能实验台进行阻力性能的实验测试。蜂窝陶瓷蓄热体阻力性能实验系统主要由配风系统、蓄热系统和监测系统中的压力自动采集系统组成，风机、流量阀、微压计和皮托管是该系统的主要组成部件。基本工作过程为：风机供给的气体经变频器精确调节流量后，进入混风室，在混风室里充分混合后进入蓄热室；气体在蓄热室内先经过整流蜂窝陶瓷，再通过实验测试蜂窝陶瓷蓄热体，经排烟尾管排出。蓄热室内的两个皮托管安装在蜂窝陶瓷入口和出口处，实时地测定动压差，并将信号传递给微压差变送器，微压差变送器将皮托管测定的动压差和蓄热室通道结构尺寸换算成流量和流速，并实时显示。其结构原理如图 3.2 所示。

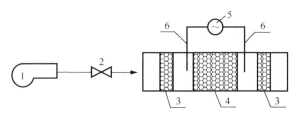

图 3.2　蜂窝陶瓷蓄热体阻力性能实验系统原理图

1-风机；2-流量调节阀；3-整流蜂窝陶瓷；4-实验测试蜂窝陶瓷；5-微压差变送器；6-皮托管

二、蓄热体结构参数对阻力特性的影响

蜂窝陶瓷蓄热体的几何结构参数主要包括蓄热体的长度、孔隙率、孔型及壁厚，获得其对气体流经蓄热体时产生的阻力损失的影响，通过计算比较各蓄热体在阻力特性上的差异。操作条件为室温(约30℃)，调节蓄热室表观流速分别维持在0.6m/s、1.4m/s、2.0m/s、2.6m/s，在相应流速下测定每一种待测蓄热体的阻力损失。稳态实验过程中所用蜂窝陶瓷蓄热体的主要几何参数特性如表3.1所示。

表 3.1　蜂窝陶瓷蓄热体参数

编号	规格 /(mm×mm×mm)	孔型	孔密度 /(个/cm²)	材质	壁厚/mm	孔隙率
1	150×150×300	四方孔	11.11	堇青石	0.7	0.57
2	150×150×300	四方孔	7.11	堇青石	0.7	0.64
3	150×150×300	四方孔	11.11	莫来石	0.7	0.57
4	150×150×300	四方孔	7.11	莫来石	0.7	0.64
5	150×150×100	四方孔	7.11	堇青石	0.9	0.57
6	150×100×100	四方孔	5.76	堇青石	1.0	0.57
7	150×100×100	四方孔	5.76	莫来石	1.0	0.57
8	150×100×100	四方孔	5.76	堇青石	1.0	0.57
9	150×100×100	四方孔	5.76	莫来石	1.0	0.57
10	150×100×100	四方孔	5.76	堇青石	1.0	0.57
11	150×100×100	四方孔	5.76	莫来石	1.0	0.57
12	150×100×100	四方孔	5.76	堇青石	1.0	0.57
13	150×100×100	四方孔	5.76	莫来石	1.0	0.57
14	100×100×100	四方孔	7.84	堇青石	1.0	0.51
15	100×100×100	四方孔	7.84	莫来石	1.0	0.51
16	150×150×100	四方孔	2.78	堇青石	1.0	0.69
17	150×100×100	六方孔	4.67	堇青石	1.0	0.64
18	150×100×100	六方孔	4.67	堇青石	1.2	0.57
19	150×100×100	六方孔	4.67	堇青石	1.0	0.64
20	150×100×100	六方孔	4.67	堇青石	1.3	0.55
21	150×100×100	六方孔	4.67	莫来石	1.0	0.64
22	150×100×100	六方孔	4.67	莫来石	1.3	0.55
23	150×100×100	六方孔	4.67	莫来石	1.0	0.64
24	150×100×100	六方孔	4.67	莫来石	1.2	0.57
25	150×100×100	六方孔	2.33	堇青石	2.0	0.51
26	150×100×100	六方孔	2.33	莫来石	2.0	0.51

续表

编号	规格 /(mm×mm×mm)	孔型	孔密度 /(个/cm²)	材质	壁厚/mm	孔隙率
27	150×100×100	六方孔	1.99	堇青石	1.6	0.60
28	150×100×100	六方孔	1.99	莫来石	1.6	0.60
29	100×100×100	六方孔	5.50	莫来石	1.0	0.60
30	100×100×100	六方孔	5.50	莫来石	1.0	0.60
31	150×100×100	圆孔	1.47	莫来石	1.7	0.52
32	150×100×100	圆孔	4.67	莫来石	1.0	0.58
33	150×100×100	圆孔	5.89	莫来石	1.2	0.50
34	150×100×100	圆孔	4.18	莫来石	1.2	0.53

(一)蓄热体长度对阻力损失的影响

长度是蓄热体阻力损失的一个重要影响因素。为了研究蓄热体长度对蓄热体阻力性能的影响而得出不同长度下蓄热体阻力损失的变化规律，选用蓄热体 17，其材质为堇青石，孔隙率为 0.64，当量直径为 4mm，长度分别为 100mm、200mm、300mm、400mm、500mm、600mm，实验结果如图 3.3、图 3.4 所示。

对比图 3.3、图 3.4，在蓄热体长度小于 300mm、雷诺数小于 600 时，蓄热体内阻力损失变化比较大，呈不规则增加；在蓄热体长度大于 300mm、雷诺数大于 600 时，蓄热体阻力损失随蓄热体长度变化呈现出较好的线性增加趋势。在蓄热体较短时，入口段效应比较明显，单位长度上的平均阻力损失较大，即 Δp_1 在总压降中所占的比例增加。如果气体流速保持不变，入口段长度与蓄热体长度存在对应关系。实验表明当蓄热体长度超过 300mm 时，蜂窝陶瓷蓄热体入口段效应基本可以忽略不计。

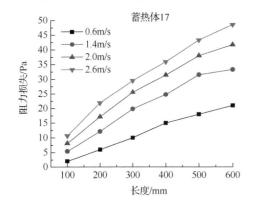

图 3.3　不同流速下堇青石蓄热体长度对蓄热体阻力损失的影响

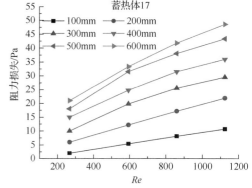

图 3.4　不同雷诺数下堇青石蓄热体长度对蓄热体阻力损失的影响

图 3.5、图 3.6 是蓄热体 21(材质为莫来石)在其几何参数、实验工况与蓄热体 17 相同的情况下的实验结果。由图 3.5 可知，蓄热体 21 在不同长度下的阻力损失与蓄热体 17 在不同长度下的阻力损失变化趋势基本一致。流体流经蓄热体时的阻力损失在气体流速一定时随蓄热体长度的增加而增加。在蓄热体长度一定时，流体流经蓄热体时的阻力损失随着流速的增加而增加。在蓄热体长度小于 300mm、雷诺数小于 600 时，蓄热体入口段效应对蓄热体阻力损失影响比较明显。这主要是因为此时蓄热体较短，而流体又处于层流状态，蓄热体内流速也比较小，所以蓄热体的沿程阻力损失比较小。但是，当蓄热体长度大于 300mm、雷诺数大于 600 时，随着蓄热体长度的增加，入口段影响慢慢减小，蓄热体阻力损失呈现出与上一组实验相同的变化趋势，即近似呈线性增加。

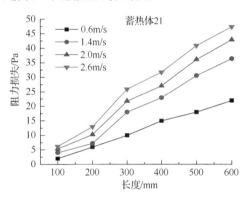 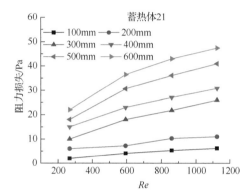

图 3.5　不同流速下莫来石蓄热体长度　　　　图 3.6　不同雷诺数下莫来石蓄热体长度
　　　　对蓄热体阻力损失的影响　　　　　　　　　　　　对蓄热体阻力损失的影响

(二)蓄热体孔隙率对阻力损失的影响

孔隙率是影响陶瓷蓄热体内气体阻力损失的一个复杂因素，在数值上等于蓄热体孔道的孔径与孔边长的平方比。为得出蓄热体孔隙率对蓄热体内阻力损失的影响关系，在保持蓄热体材质、孔型不变的情况下，选用不同孔隙率的蓄热体进行相关实验。

选取三组蓄热体进行实验，材质均为莫来石，长度为 600mm。第一组蓄热体为六方孔，分别选用蓄热体 22(孔隙率为 0.55)、蓄热体 24(孔隙率为 0.57)、蓄热体 21(孔隙率为 0.64)；第二组蓄热体为四方孔，分别选用蓄热体 15(孔隙率为 0.51)、蓄热体 7(孔隙率为 0.57)、蓄热体 4(孔隙率为 0.64)；第三组蓄热体为圆孔，分别选用蓄热体 33(孔隙率为 0.50)、蓄热体 34(孔隙率为 0.53)、蓄热体 32(孔隙率为 0.58)，实验结果如图 3.7～图 3.9 所示。

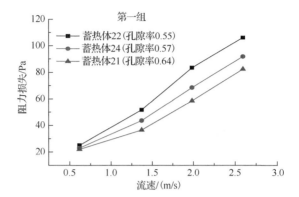

图 3.7 六方孔型孔隙率对蓄热体阻力损失的影响

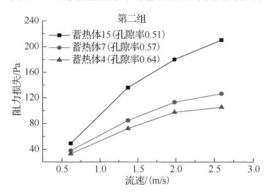

图 3.8 四方孔型孔隙率对蓄热体阻力损失的影响

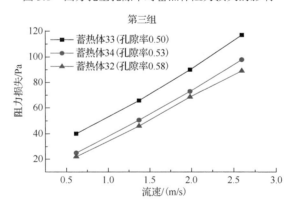

图 3.9 圆孔型孔隙率对蓄热体阻力损失的影响

由图 3.7～图 3.9 可知，在蓄热体孔型一定的情况下，流速保持不变，气体流经蓄热体产生的阻力损失随着蓄热体孔隙率的增加而减小，这主要与蓄热体的当量直径有关。同时由以上各图可知，在蓄热体孔型、孔隙率保持不变时，蓄热体阻力损失随着气体流速的增加而增加。

图 3.10 为第一组不同孔隙率蓄热体阻力损失随雷诺数 Re 的变化情况，其阻力损失的变化规律与图 3.7 中阻力损失随气体流速的变化规律相一致。图 3.11 为第一组不同孔隙率蓄热体阻力损失系数 f 随雷诺数 Re 的变化关系。三种蓄热体的阻力损失系数随雷诺数变化基本一致，孔隙率对阻力损失系数的影响在雷诺数大于 600 时并不明显。但在雷诺数较小时，阻力损失系数随着孔隙率的增大有一定的减小趋势。

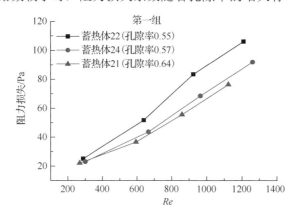

图 3.10 不同雷诺数下孔隙率对蓄热体阻力损失的影响

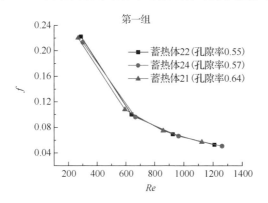

图 3.11 不同雷诺数下孔隙率对蓄热体阻力损失系数的影响

(三)蓄热体孔型对阻力损失的影响

孔型的改变会引起蓄热体当量直径和孔隙率的改变，从而影响蓄热体的阻力损失。为研究蓄热体孔型对蓄热体阻力损失的影响，在保持蓄热材质、孔隙率不变的情况下，选用不同孔型的蓄热体进行相关实验。

选取两组蓄热体进行实验，其长度为 600mm，孔隙率为 0.57。第一组蓄热体材料为莫来石，分别选用蓄热体 24(六方孔)、蓄热体 7(四方孔)；第二组蓄热体材料为堇青石，分别选用蓄热体 18(六方孔)、蓄热体 6(四方孔)。结果如图 3.12、图 3.13所示。

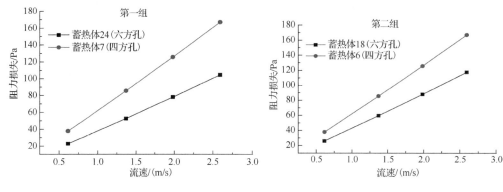

图 3.12　不同流速下孔型对莫来石
蓄热体阻力损失的影响

图 3.13　不同流速下孔型对堇青石
蓄热体阻力损失的影响

　　由图 3.12、图 3.13 可知，流速及孔隙率一定的情况下，四方孔蓄热体阻力损失要大于六方孔蓄热体阻力损失，并且随着流速的增加这种趋势愈加明显。这主要受到当量直径的影响，当量直径的减小意味着四方孔蓄热体孔内横截面上速度沿半径方向上的梯度要大于六方孔蓄热体。根据黏性力公式可知，四方孔蓄热体内气体黏性力和摩擦力要大于同条件下六方孔蓄热体。

　　图 3.14、图 3.15 分别为两组蓄热体阻力损失随雷诺数的变化情况。图 3.16、图 3.17 分别为两组蓄热体阻力损失系数随雷诺数的变化情况。两组蓄热体阻力损失都随着雷诺数的增加而增加，在雷诺数超过 600 时，四方孔蓄热体阻力损失较六方孔蓄热体而言明显变大。对比图 3.16、图 3.17，在雷诺数较小($Re < 600$)时，六方孔蓄热体阻力损失系数变化速率明显慢于四方孔蓄热体；而在雷诺数较大($Re > 600$)时，两种孔蓄热体的阻力损失系数基本一致。

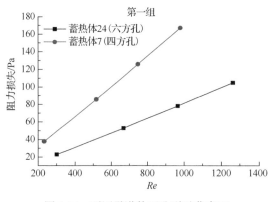

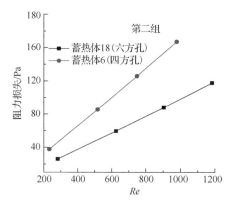

图 3.14　不同雷诺数下孔型对莫来石
蓄热体阻力损失的影响

图 3.15　不同雷诺数下孔型对堇青石
蓄热体阻力损失的影响

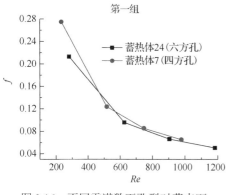

图 3.16 不同雷诺数下孔型对莫来石
蓄热体阻力损失系数的影响

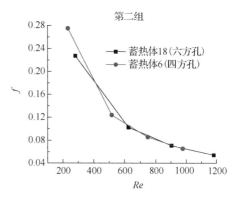

图 3.17 不同雷诺数下孔型对堇青石
蓄热体阻力损失系数的影响

(四) 蓄热体壁厚对阻力损失的影响

为了研究蓄热体壁厚对蓄热体阻力性能的影响，在保证孔隙率和孔型不变的情况下，选用不同壁厚的陶瓷蓄热体进行实验。实验选取的两组蓄热体长度均为 600mm。第一组蓄热体材料为莫来石、六方孔，孔密度为 4.67 个/cm^2，分别选用蓄热体 21(壁厚 1.0mm)、蓄热体 22(壁厚 1.3mm)；第二组蓄热体为堇青石、四方孔，孔密度为 7.11 个/cm^2，分别选用蓄热体 2(壁厚 0.7mm)、蓄热体 5(壁厚 0.9mm)。结果如图 3.18、图 3.19 所示。

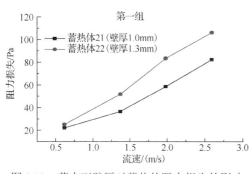

图 3.18 莫来石壁厚对蓄热体阻力损失的影响　　图 3.19 堇青石壁厚对蓄热体阻力损失的影响

在蓄热体孔内黏性力和孔内流速增加的综合作用下，蓄热体摩擦阻力损失和沿程阻力损失增加，从而导致蓄热体阻力损失的增大。

三、实验关联式的拟合

经上述研究发现，蓄热体的阻力损失不仅与 Re 有关，而且与蓄热体的几何特性参数和物性参数有关。同时蓄热体的孔型、壁厚对蓄热体阻力的影响最终都是通过

引起蓄热体当量直径或孔隙率变化而产生作用的。据此，通过分析得出蓄热体的阻力损失系数为

$$f = f(\rho_f, v_0, D_h, \varepsilon) \tag{3-9}$$

蓄热体的阻力损失系数与 4 个自变量存在相互关系，为了准确找出它们之间的关系，根据量纲一致性原理，式(3-9)一定可以表示成量纲为一的形式，且量纲为一的关系式中量纲为一的组合量数少于式(3-9)中的变量数。对式(3-9)进行无量纲化的方法如下。

(1)列出所研究流动问题的 n 个变量。

正确选择相关变量在很大程度上依赖于研究人员对流体力学知识的理解，如果遗漏变量，便不能得到正确反映流动过程的量纲为一的关系式。式(3-9)共包含 5 个变量。它们的量纲都可以由以下三个基本量纲组成：时间量纲 T、长度量纲 L 和质量量纲 M，因此共组成三个无量纲数。在此，选取 v_0、ε、D_h 为三个基本物理量组成无量纲数。

(2)写出每个相关变量的基本量纲，并将这些基本量纲逐个与其他物理量组成无量纲量。

无量纲量总采用幂指数形式表示，其中指数值待定。用 Π 表示无量纲量，则有

$$\Pi_1 = \rho_f v_0{}^{\alpha_1} D_h{}^{\beta_1} \eta^{\gamma_1} \tag{3-10}$$

$$\Pi_2 = f v_0{}^{\alpha_3} D_h{}^{\beta_3} \eta^{\gamma_3} \tag{3-11}$$

$$\Pi_3 = \varepsilon \tag{3-12}$$

(3)根据量纲和谐原理来求解上述未知物理量。

以 Π_1 为例可列出各物理量的量纲如下：

$$\dim \rho_f = ML^{-3} \tag{3-13}$$

$$\dim v_0 = LT^{-1} \tag{3-14}$$

$$\dim D_h = L \tag{3-15}$$

$$\dim \eta = ML^{-1}T^{-1} \tag{3-16}$$

将上述结果代入式(3-9)，并将量纲相同的项并到一起，得

$$\Pi_1 = M^{\gamma_1+1} L^{\alpha_1+\beta_1-\gamma_1-3} T^{-\alpha_1-\gamma_1} \tag{3-17}$$

式(3-17)等号左边均为无量纲量，根据量纲和谐原理，等号右边的量纲指数之和相加为零，得

$$\begin{cases} \gamma_1 + 1 = 0 \\ \alpha_1 + \beta_1 - \gamma_1 - 3 = 0 \\ -\alpha_1 - \gamma_1 = 0 \end{cases} \tag{3-18}$$

解得

$$\begin{cases} \alpha_1 = 1 \\ \beta_1 = 1 \\ \gamma_1 = -1 \end{cases} \tag{3-19}$$

所以有

$$\Pi_1 = \frac{\rho_f v_0 D_h}{\eta} \tag{3-20}$$

同理可得

$$\Pi_2 = f \tag{3-21}$$

$$\Pi_3 = \varepsilon \tag{3-22}$$

所以

$$f = f\left(\frac{\rho_f v_0 D_h}{\eta}, \varepsilon\right) \tag{3-23}$$

而 $Re = \dfrac{\rho_f v_0 D_h}{\eta \varepsilon}$ 即流体的雷诺数，所以蓄热体阻力损失系数为

$$f = f(Re) \tag{3-24}$$

　　为确定式(3-24)，根据以上不同几何参数的蜂窝陶瓷蓄热体实验研究所得到的实验数据，利用最小二乘法对实验数据进行处理后，得出蓄热体阻力损失系数的实验关联式为

$$f = f(Re) = 11.35173 Re^{-0.67877} \tag{3-25}$$

　　根据实验工况，式(3-25)主要适用于 $0.5 < \varepsilon < 0.7$、$100mm < L < 600mm$、$2mm < D_h < 4mm$ 的蜂窝陶瓷蓄热体蓄热室。图3.20为实验数据与实验关联式的对比，通过对比计算发现实验关联式计算值与实验数据基本吻合，实验数据与实验关联

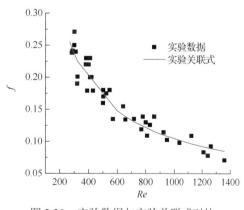

图 3.20　实验数据与实验关联式对比

式计算值的最大偏差为 19.54%，总体算术平均偏差为 8.70%。

四、数值模拟研究

蜂窝陶瓷蓄热体横截面均匀分布着规则小孔，由于各孔具有对称性，可以选取一个单元孔作为研究对象，壁厚取对称的半壁厚[6]。以表 3.2 中的三种蜂窝陶瓷为例，采用 Fluent 软件对稳态下蜂窝陶瓷的阻力特性进行数值研究。取四方孔和六方孔蜂窝陶瓷为研究对象，建立物理模型，如图 3.21、图 3.22 所示。

表 3.2　三种蜂窝陶瓷的结构参数

参数	蜂窝陶瓷		
	1	2	3
外形尺寸/(mm×mm×mm)	150×100×100	150×100×100	150×150×100
孔数/个	36×24	35×20	50×50
孔型	四方孔	六方孔	四方孔
孔边长/mm	3	2.3	2.26
当量直径/mm	3	3.9863	2.26

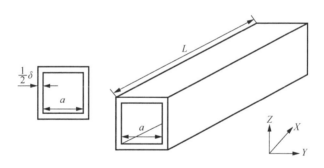

图 3.21　四方孔蜂窝陶瓷的单通道示意图

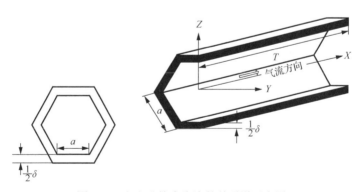

图 3.22　六方孔蜂窝陶瓷的单通道示意图

工质为空气-可压缩流体，密度会随温度和压力的改变而改变，因此将入口设为质量入口，出口设为压力出口，并给定出口表压为 0，从而入口边界上的压力即进出口的压差。入口质量流量按照 300K 下流速为 1m/s 分别计算得到。从 300K 到 1400K，每隔 100K 作为一个温度点，共得到了 11 种工况下的阻力损失。

(一)蓄热体孔型和边长对阻力损失的影响

黏性流体在管内流动时，紧贴壁面处的流体相对壁面的速度为 0，因此，在垂直于流动方向的横截面上必然存在速度梯度。在给定的入口流速下，流道的形状和边长不同，速度梯度必然不同，则阻力损失必然不同。

流道的形状和尺寸对阻力损失的影响如图 3.23 所示。蜂窝陶瓷 1、2、3 的高度相等，当量直径分别是 3mm、3.9863mm 和 2.26mm。由图 3.23 可知，在各种工况下，蜂窝陶瓷 2 的阻力损失始终最小。相同的温度下，蜂窝陶瓷 1 的阻力损失稍大于蜂窝陶瓷 2 的阻力损失，而蜂窝陶瓷 3 的阻力损失明显大于蜂窝陶瓷 1 和 2 的阻力损失。也就是说当量直径越大，阻力损失越小。

(二)蓄热体蜂窝陶瓷高度对阻力损失的影响

为了得到阻力损失和蜂窝陶瓷高度的关系，另外建立三种模型，这三种模型的横截面尺寸与蜂窝陶瓷 1 相同，高度分别为 150mm、200mm 和 300mm。观察图 3.24 可知，阻力损失与蜂窝陶瓷高度线性相关，而且入口流速越大，曲线斜率越大。

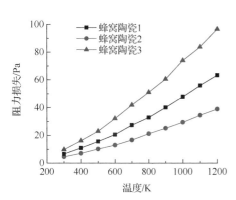

图 3.23　蜂窝陶瓷当量直径和温度对
阻力损失的影响

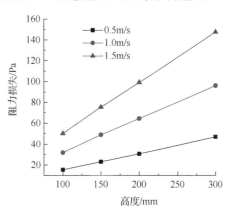

图 3.24　蜂窝陶瓷高度对阻力损失的影响

(三)蓄热体温度对阻力损失的影响

由图 3.23 还可得出温度对阻力损失的影响。对任一种蜂窝陶瓷而言，阻力损失都随温度的升高而增大。同时，由图 3.23 还可以清楚地发现，蜂窝陶瓷 3 的阻力损失的增长速度要比蜂窝陶瓷 1 和 2 快得多。1200K 时，蜂窝陶瓷 3 的阻力损失为 94.75Pa，而蜂窝陶瓷 1 和 2 的阻力损失分别为 60.77Pa 和 28.45Pa。由此可知，蜂窝陶瓷 3 不适宜安置在蓄热氧化床的中心高温区。

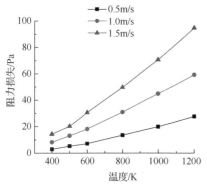

图 3.25　入口流速对阻力损失的影响

（四）蓄热体入口流速对阻力损失的影响

入口流速对阻力损失的影响如图 3.25 所示。相同温度下，入口流速越大，阻力损失越大。随温度升高，三种入口流速下的阻力损失的差值逐渐增大，所以，如果流入蜂窝陶瓷的气体的温度范围已知，选择合适的入口流速是必要的。这样可以避免阻力损失产生较大波动，从而导致风机功率不足、温度分布产生大的波动等不良状况。

第三节　蜂窝陶瓷蓄热体非稳态阻力特性

氧化床稳定运行起来后，蜂窝陶瓷蓄热体与乏风之间一直处于换热状态，即蜂窝陶瓷蓄热体的蓄、放热过程。非稳态下的阻力损失随时间而变，并与初始温差有关。大部分关于蜂窝陶瓷阻力损失的研究都是基于稳态工况。因此，对换热的动态变化过程加以研究，有助于深入理解换热机理，进一步改善换热过程。

一、蓄热体非稳态阻力特性实验

基于第三章第二节所示蜂窝陶瓷蓄热体综合性能实验台进行蜂窝陶瓷蓄热体非稳态工况下的阻力特性研究。将典型的 8 种蜂窝陶瓷蓄热体用于非稳态实验测试，其部分物性参数见表 3.3。

表 3.3　选用 8 种蜂窝陶瓷蓄热体的部分物性参数

编号	材质	孔型	孔隙率	密度 /(kg/m³)	比表面积 /(m²/m³)	壁厚 /mm	当量直径 /mm	孔边长 /mm
1	堇青石	四方孔	0.57	1501	738	1.0	3.1	3.1
2	莫来石	四方孔	0.57	1963	738	1.0	3.1	3.1
3	堇青石	四方孔	0.51	2069	816	1.0	2.5	2.5
4	莫来石	四方孔	0.51	2092	816	1.0	2.5	2.5
5	堇青石	六方孔	0.57	1677	760	1.2	3.8	2.2
6	莫来石	六方孔	0.57	2027	760	1.2	3.8	2.2
7	堇青石	六方孔	0.51	1785	851	1.4	3.5	2.0
8	莫来石	六方孔	0.51	1904	851	1.4	3.5	2.0

（一）蓄热体孔型对阻力损失的影响

为了探究材质、孔隙率、蓄热室冷风流量相同，孔型不同对蜂窝陶瓷阻力损失的影响，选取两组实验，孔隙率均为 0.51，蓄热室冷风流量为 50m³/h，均由室温升温到 550℃左右，然后迅速降温到 100℃以下。

第一组：董青石，蜂窝陶瓷 3 为四方孔，蜂窝陶瓷 7 为六方孔，如图 3.26 所示。

第二组：莫来石，蜂窝陶瓷 4 为四方孔，蜂窝陶瓷 8 为六方孔，如图 3.27 所示。

从图 3.26 和图 3.27 可以得出，两组实验中的 4 种蜂窝陶瓷在孔型不同时阻力损失随陶瓷中心温度的变化趋势非常相似，其阻力损失都随陶瓷中心温度的升高而增加，并且在升温和降温的开始，阻力损失变化比较大，降温开始时更为明显；陶瓷中心温度在 200～450℃时阻力损失增大比较缓慢，450～550℃时阻力损失增长比较快。在材质、孔隙率和蓄热室冷风流量相同的情况下，相同的陶瓷中心温度下，四方孔蜂窝陶瓷的阻力损失要大于六方孔蜂窝陶瓷的阻力损失，并且升温和降温时的阻力损失是不同的，升温阶段的阻力损失大于降温阶段的阻力损失。

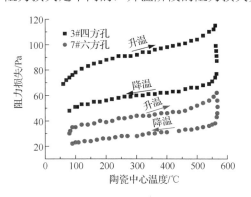 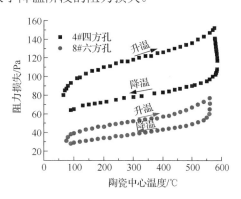

图 3.26　董青石蓄热体孔型对阻力损失的影响　　图 3.27　莫来石蓄热体孔型对阻力损失的影响

（二）蓄热体孔隙率对阻力损失的影响

为了探究材质、孔型、蓄热室冷风流量相同，孔隙率不同对蜂窝陶瓷阻力损失的影响，选取两组实验，孔型均为四方孔，蓄热室冷风流量为 50m³/h，均由室温升温到 550℃左右，然后迅速降温到 100℃以下。

第一组：董青石，蜂窝陶瓷 1 的孔隙率为 0.57，蜂窝陶瓷 3 的孔隙率为 0.51，如图 3.28 所示。

第二组：莫来石，蜂窝陶瓷 2 的孔隙率为 0.57，蜂窝陶瓷 4 的孔隙率为 0.51，如图 3.29 所示。

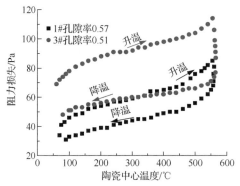 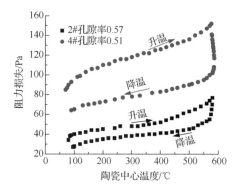

图 3.28　董青石蓄热体孔隙率对阻力损失的影响　　图 3.29　莫来石蓄热体孔隙率对阻力损失的影响

从图 3.28 和图 3.29 可以看出，两组实验中的 4 种蜂窝陶瓷在孔隙率不同时阻力损失随陶瓷中心温度的变化趋势基本相同，其阻力损失也随陶瓷中心温度的升高而增加，并且在升温和降温的开始，阻力损失变化比较大。陶瓷中心温度在 200~450℃时，阻力损失增大比较缓慢，450~550℃ 时，阻力损失增长比较快。在陶瓷中心温度相同时，升温和降温时的阻力损失是不同的，升温阶段的阻力损失也大于降温阶段的阻力损失。通过孔隙率对比得出，在材质、孔型、蓄热室冷风流量相同时，在相同陶瓷中心温度下，气体流经大孔隙率的蜂窝陶瓷蓄热体产生的阻力损失要小于流经小孔隙率的蜂窝陶瓷蓄热体的阻力损失。

(三)冷风流量对阻力损失的影响

为了探究同一陶瓷，蓄热室冷风流量不同对蜂窝陶瓷阻力损失的影响，选取两组实验，均由室温升温到 550℃ 左右，然后迅速降温到 100℃ 以下。

第一组：蜂窝陶瓷 1，董青石，四方孔，孔隙率为 0.57，室温下蓄热室冷风流量分别为 $40m^3/h$、$60m^3/h$、$80m^3/h$，如图 3.30 所示。

第二组：蜂窝陶瓷 2，莫来石，四方孔，孔隙率为 0.57，室温下蓄热室冷风流量也分别为 $40m^3/h$、$60m^3/h$、$80m^3/h$，如图 3.31 所示。

从图 3.30 和图 3.31 可以得出，两种蜂窝陶瓷在不同蓄热室冷风流量下阻力损失随陶瓷中心温度的变化趋势基本一致，其阻力损失同样随陶瓷中心温度的升高而增加，并且在升温和降温的开始，阻力损失变化比较大。在陶瓷中心温度相同时，升温阶段的阻力损失也大于降温阶段的阻力损失。

通过蓄热室冷风流量对比得出，同一蜂窝陶瓷在相同陶瓷中心温度下，流量越大，阻力损失就越大；在相同的温度变化范围内，流量越大，阻力损失的变化量也越大。

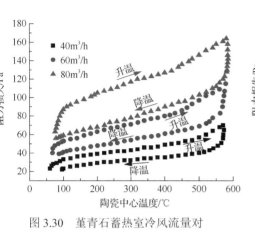

图 3.30　董青石蓄热室冷风流量对
　　　　 阻力损失的影响

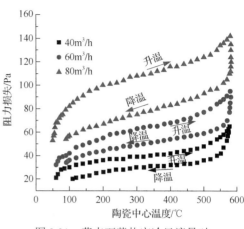

图 3.31　莫来石蓄热室冷风流量对
　　　　 阻力损失的影响

二、蓄热体非稳态阻力特性数值计算

当初始温度相差极大的换热气体与蜂窝陶瓷接触换热时，其温度和热流密度都受到壁面与流体之间相互作用的制约而不断变化，像这类由热量交换过程动态地加以决定而不能预先规定的耦合换热问题，需要在两相交界面处引入耦合边界条件加以解决[7,8]。

耦合边界条件为

$$T_w \big|_s = T_w \big|_f \text{（温度连续）} \tag{3-26}$$

$$q_w \big|_s = q_w \big|_f \text{（热流密度连续）} \tag{3-27}$$

即

$$-\lambda \left(\frac{\partial T}{\partial n} \right)_w \bigg|_s = h\left(T_w - T_f\right) \big|_f \tag{3-28}$$

当然，该换热过程还要同时满足连续方程、运动方程和能量守恒方程。

换热过程所作假设见第二章第四节。边界条件和初始条件如下：入口设为质量入口，质量流量按常温下入口流速 2m/s 计算得到，蜂窝陶瓷初始壁温 $T_0 = 300\text{K}$；出口设为压力出口，初始表压设为 0。进出口的陶瓷壁面设为绝热壁面。

选用三种尺寸的六方孔莫来石质的蜂窝陶瓷作为研究对象，其结构参数如表 3.4 所示。

表 3.4　莫来石蜂窝陶瓷的结构参数

参数	编号		
	1	2	3
孔边长/mm	2.3	2.9	3.5
壁厚/mm	1.57	1.57	1.57

气体的物性参数(密度、导热系数、比定压热容及动力黏度)为温度的分段线性函数。

(一)温差对阻力损失的影响

以表 3.4 中孔边长为 2.9mm 的莫来石蜂窝陶瓷为例,分别将入口气体温度设为 673K、873K、1273K,蓄热阶段温差对阻力损失的影响如图 3.32 所示。在蓄热过程中,换热时间越长,气固温差越大,阻力损失越大,相同换热时间内阻力损失的增加量越大。

(二)蓄热体孔边长对阻力损失的影响

上述提到的三个模型,孔型相同,壁厚相同,只有孔边长不同。在相同的操作参数下:常温下入口气体流速为 2m/s,入口气体温度为 873K,陶瓷的初始壁温为 300K。图 3.33 给出了蓄热过程中蓄热体孔边长对阻力损失的影响。孔边长越小,阻力损失越大。这还是由速度梯度引起的。层流范围内的流动阻力主要受黏性阻力的影响,孔边长小的蜂窝陶瓷的横截面上的速度梯度相对要大,则黏性阻力也就越大。

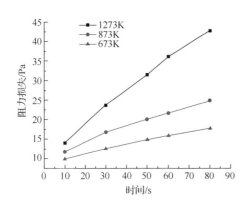

图 3.32　蓄热过程中温差对阻力损失的影响

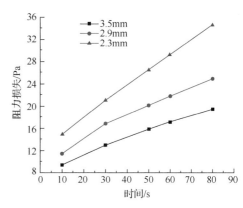

图 3.33　蓄热过程中孔边长对阻力损失的影响

(三)蓄热体壁厚对阻力损失的影响

为了对蜂窝陶瓷的蓄、放热过程进行分析,得到兼顾蓄、放热过程,流动和换热综合性能优良的蜂窝陶瓷,另外选取 6 种蜂窝陶瓷进行研究,其结构参数如表 3.5 所示。所有模型均是含半壁厚的单通道数学模型。

表 3.5　蜂窝陶瓷的结构参数(一)

编号	孔型	边长/mm	壁厚/mm	孔隙率	比表面积/(m²/m³)
4	四方孔	3	0.55	0.71	952
5	四方孔	3	0.7	0.65	876
6	四方孔	3	1	0.55	750
7	四方孔	2.3	0.6	0.63	1094
8	六方孔	2.3	0.95	0.64	655
9	六方孔	3.5	1.57	0.634	417

图 3.34 是蓄热过程中的阻力损失变化情况。不同壁厚的蜂窝陶瓷在换热时间相同的情况下,壁厚越大,阻力损失越大。图 3.35 是放热过程中的阻力损失变化情况。随放热过程的进行,阻力损失是逐渐下降的。另外,由图 3.35 可知,阻力损失随壁厚的增大而增大。在孔边长相同的情况下,壁厚越大,蜂窝陶瓷的孔隙率越小,在表观速度相同的情况下,孔内流速就越大,而大流速会强化气固间的对流换热,因此空气会从蜂窝陶瓷中得到更多的热量,其速度也就会进一步增大。同时空气的运动黏度也随温度的升高而增大,因此,孔隙率越小的蜂窝陶瓷其内部阻力损失越大。

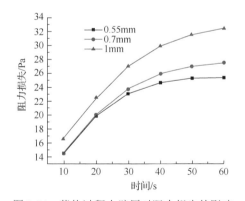

图 3.34　蓄热过程中壁厚对阻力损失的影响

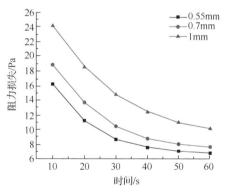

图 3.35　放热过程中壁厚对阻力损失的影响

(四)蓄热体孔型对阻力损失的影响

蜂窝陶瓷 7、8、9 的孔隙率分别是 0.63、0.64、0.634,近似相等。表观速度一定,蜂窝陶瓷孔隙率几乎相同的情况下,其孔内流速也基本相同。入口气体温度设为 1373K,蜂窝陶瓷的初始壁温设为 300K。该工况下蓄热过程中孔型对阻力损失的影响如图 3.36 所示。四方孔的阻力损失远大于六方孔的阻力损失,孔隙率几乎相同的情况下,大孔大壁厚的六方孔蜂窝陶瓷的阻力损失较小孔小壁厚的六方孔蜂窝陶瓷的阻力损失要小。

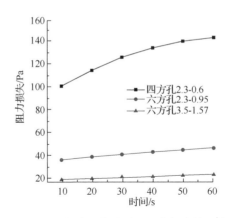

图 3.36　蓄热过程中孔型对阻力损失的影响

第四节　间隙和错位对阻力损失的影响

　　氧化床内部，沿气流方向，蜂窝陶瓷依次排开，前后相接。由于蜂窝陶瓷的制造工艺及安装技术等原因，安装完毕后，前后连接的蜂窝陶瓷之间必然存在一定间隙，前后两块蜂窝陶瓷的蜂窝孔之间也必然存在一定的错位关系。间隙和错位将导致流场发生变化，从而引起阻力损失的变化。因此，研究间隙和错位对阻力损失的影响规律，找出使阻力损失最小的最适宜间隙，对于优化氧化床的整体性能、更好地利用乏风瓦斯意义重大。

　　前后两块蜂窝陶瓷蜂窝孔之间存在的错位关系是一定的，因此，只需以两块蜂窝陶瓷为例来研究不同间隙和不同错位关系对进出口压差的影响。取三种典型的蜂窝陶瓷为研究对象，其结构参数如表 3.6 所示。

表 3.6　蜂窝陶瓷的结构参数（二）

编号	孔型	孔边长/mm	壁厚/mm	整体尺寸/(mm×mm×mm)
1	四方孔	3	1	150×100×100
2	四方孔	2.3	0.6	150×150×100
3	六方孔	2.3	0.95	150×100×100

　　研究同种四方孔蜂窝陶瓷之间的错位关系，以蜂窝陶瓷 2 为例，取一定的横截面积（5.8mm×5.8mm），建立蜂窝陶瓷的 4 通道数学模型。图 3.37 给出了错位较为严重的三种典型错位关系，沿流动方向，实线代表前一块蜂窝陶瓷中蜂窝孔的分布，虚线表示后一块蜂窝陶瓷中蜂窝孔的分布。蜂窝陶瓷 1 和 2 都是四方孔蜂窝陶瓷，同种蜂窝陶瓷之间可能存在的错位关系是相同的，因此，蜂窝陶瓷 1 的错位关系无须重复给出。

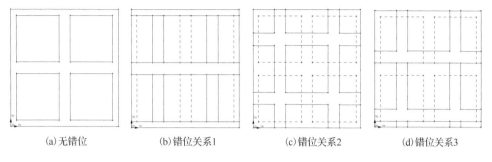

(a) 无错位　　　　(b) 错位关系1　　　　(c) 错位关系2　　　　(d) 错位关系3

图 3.37　四方孔蜂窝陶瓷间的错位关系

以蜂窝陶瓷 3 为例，六方孔蜂窝陶瓷之间的错位关系如图 3.38 所示，实线表示前一块蜂窝陶瓷中蜂窝孔的分布，虚线表示后一块蜂窝陶瓷中蜂窝孔的分布。

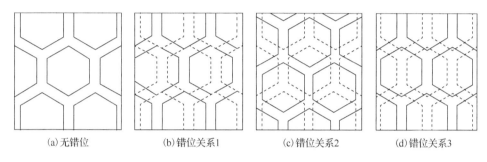

(a) 无错位　　　　(b) 错位关系1　　　　(c) 错位关系2　　　　(d) 错位关系3

图 3.38　六方孔蜂窝陶瓷间的错位关系

在两块蜂窝陶瓷之间留一定间隙，间隙分别设为 0mm、1mm、2mm、3mm、4mm、5mm。沿流动方向，乏风经过第一块蜂窝陶瓷流入间隙，再由间隙流入第二块蜂窝陶瓷。间隙和错位对阻力损失影响规律的研究基于稳态工况，即陶瓷和气体之间不存在热交换。

若流动仅限于蜂窝孔内，则流场较为简单，而中间留有一定间隙后，流场变得相对复杂。因此，间隙处的阻力损失将是整体阻力损失变化规律的关键。

一、间隙处的局部压力

计算完成后，设定通过某一特定位置的流线和截面，可以查看各物理参数沿此线或者在此截面上的分布情况。以蜂窝陶瓷 2 为例，在无错位、间隙为 3mm 的情况下，取过某一个蜂窝孔中心线的一条流线，该流线上靠近间隙处的压强分布如图 3.39 所示。

如图 3.39 所示，沿流动方向，在前后两段蜂窝孔内，压强是一直下降的，而在间隙处，压强先从 9.2Pa 迅速增大到 9.6Pa，而后又急剧减小到 9Pa。这说明前后蜂窝陶瓷的间隙是影响氧化床阻力损失的重要因素。当气体相对物体的流速远小于声速时，气体的密度变化很小，可近似看成常数。本节气体的流速是 1m/s，因此，可把工质当成不可压缩流体来处理。不可压缩定常流动满足伯努利方程：

$$\frac{v^2}{2g} + z + \frac{p}{\rho g} = H \tag{3-29}$$

式中，H 为常数，质量流量恒定，乏风从蜂窝孔流入间隙，管道截面突然扩大，流速必然急剧减小，则动能减小；流动沿水平方向位势能保持不变，从而压强必然增大。气流从间隙流入第二块蜂窝陶瓷时，情形正好相反，因而压强急剧下降。

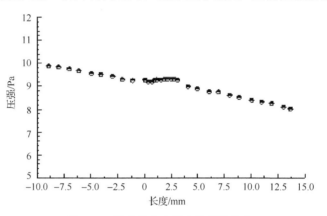

图 3.39　蜂窝孔中心线上的压强分布

二、阻力损失与间隙和错位关系的影响规律

进出口的阻力损失包括蜂窝孔内的沿程阻力损失和间隙处的局部阻力损失。针对图 3.37 所示的 4 种错位关系，选用蜂窝陶瓷 2 进行研究。在陶瓷温度为 300K 时，蜂窝陶瓷的阻力损失如图 3.40 所示。

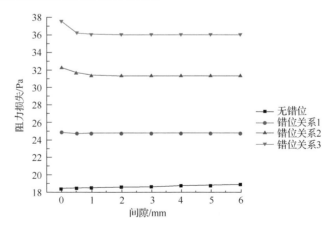

图 3.40　蜂窝陶瓷 2 在陶瓷温度为 300K 时的阻力损失

（一）无错位

如图 3.40 所示，无错位情况下，间隙从 0 增加到 1mm，阻力损失从 18.4Pa 增加到 18.55Pa。间隙大于 1mm 后，随间隙增大，阻力损失继续增大，但增加量有限，每隔 1mm，阻力损失的增加值均不超过 0.1Pa。间隙导致了局部阻力的产生，从而引起了阻力损失的增加。

通过图 3.40 所示的中心线的纵截面上的速度等值线分布如图 3.41 所示。由图 3.41 可以看出，间隙的中心部分是空白的，没有速度等值线分布，即该处没有流体经过。因而可以确定从第一块蜂窝陶瓷中相邻两蜂窝孔流出的气体各自成束、互不干扰，局部阻力只来自流通截面积的突然扩张和收缩，不存在因流体横向交汇而产生的碰撞损失。

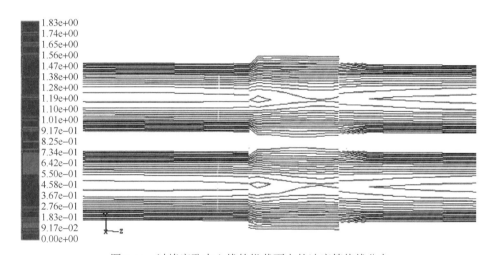

图 3.41　过蜂窝孔中心线的纵截面上的速度等值线分布

（二）存在错位关系

如图 3.40 所示，间隙为 0 时，错位关系存在时的阻力损失远大于无错位关系时的阻力损失。错位关系存在的工况下，间隙从 0 增加到 1mm，阻力损失急剧下降，间隙大于 1mm 后，阻力损失随间隙的增大而增大，但增加量不大。

如图 3.37 所示，前后蜂窝孔之间存在错位关系，在间隙为 0 时，从第一块蜂窝陶瓷流出的气体在进入第二块蜂窝陶瓷时，一部分气体正对第二块蜂窝陶瓷入口截面上的陶瓷壁。这部分气体在流动过程中被迫转向流通区域。在这一过程中，速度矢量急剧变化，速度首先急剧增大，进入第二块蜂窝陶瓷的蜂窝孔后又迅速减小。同时，该过程中流体相互碰撞导致的动量损失也是不可忽视的。如此大的局部阻力决定了该工况下的整体阻力损失将远大于其他工况。留有一定间隙时，流体流出后，速度矢量的变化有一个缓冲阶段，程度减弱，阻力损失大为减小。

图 3.42～图 3.44 给出了间隙为 3mm 时，在错位关系 1、2、3 下，间隙附近的纵截面上的速度等值线分布，图中的空白处就是陶瓷壁所在的位置。从间隙处的速度变化可以看出，在错位关系 3 下最为剧烈，在错位关系 2 下次之，在错位关系 1 下最平缓。这一点在图 3.40 中得到了充分体现：错位关系 3 下的阻力损失最大，错位关系 1 下的阻力损失最小，并且错位关系 2、错位关系 3 下的阻力损失远大于错位关系 1 下的阻力损失。

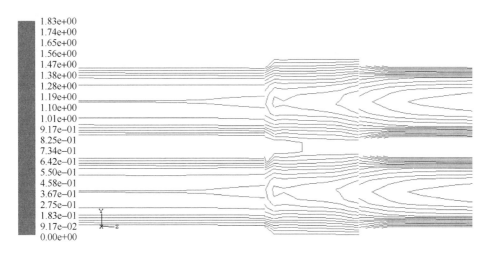

图 3.42　错位关系 1 下纵截面上的速度等值线分布

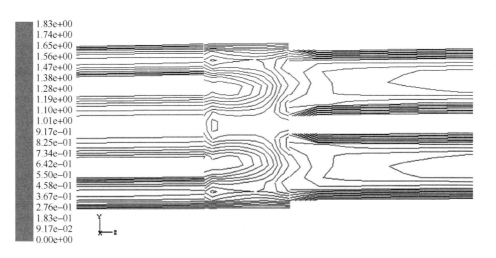

图 3.43　错位关系 2 下纵截面上的速度等值线分布

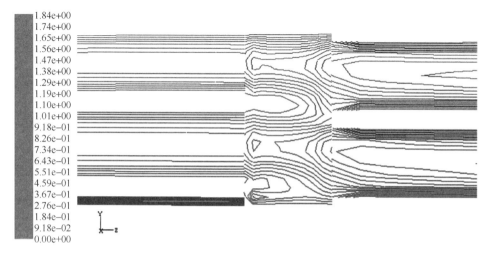

图 3.44　错位关系 3 下纵截面上的速度等值线分布

三、孔型尺寸对阻力损失的影响

蜂窝陶瓷 1 和蜂窝陶瓷 2 孔型相同，但孔边长和壁厚不同。在如图 3.37 所示的错位关系下，蜂窝陶瓷 1 在陶瓷温度为 300K 时的阻力损失如图 3.45 所示。比较图 3.45 和图 3.40 可以发现，阻力损失随错位关系的变化规律是相同的，在错位关系 3 下阻力损失最大，在错位关系 1 下阻力损失最小。但阻力损失在两种错位关系间的差值并不相同，蜂窝陶瓷 1 在错位关系 2 和错位关系 3 下的阻力损失差是 2Pa，而蜂窝陶瓷 2 在这两种错位关系下的阻力损失差是 5Pa。同时，比较所有工况下的阻力损失可知，蜂窝陶瓷 1 在不同间隙下的最大阻力损失差是 16Pa，而蜂窝陶瓷 2 在不同间隙下的最大阻力损失差是 19Pa。

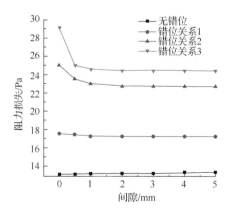

图 3.45　蜂窝陶瓷 1 在陶瓷温度为 300K 时的阻力损失

蜂窝陶瓷 3 的孔型是六方孔，陶瓷温度为 300K 时，在如图 3.38 所示的错位关系下，其阻力损失如图 3.46 所示。由图可知，错位关系 1 时阻力损失最大，其与无错位情况对比最大阻力损失差为 6Pa。另外，比较图 3.40、图 3.45 和图 3.46 可以发现，在图 3.40 和图 3.45 中，使蜂窝陶瓷 1 阻力损失最小的最适宜间隙为 1mm；而在图 3.46 中，保证阻力损失最小的最适宜间隙是 2mm。因此，间隙和错位关系对不同种蜂窝陶瓷的影响并不相同。

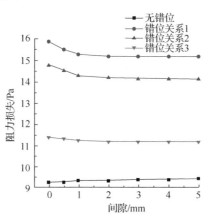

图 3.46　蜂窝陶瓷 3 在陶瓷温度为 300K 时的阻力损失

四、温度对阻力损失的影响

同一种蜂窝陶瓷工作在不同温度下时，使阻力损失最小的最适宜间隙有可能不同。氧化床中心区域的温度通常在 1173～1373K，因此，研究高温下间隙对阻力损失的影响是非常必要的。取 1273K 作为高温段的代表，在 1273K 温度下蜂窝陶瓷 1、2、3 的阻力损失随间隙和错位关系的变化情况分别如图 3.47～图 3.49 所示。在这三个图中，最小阻力损失均出现在间隙是 2mm 处。

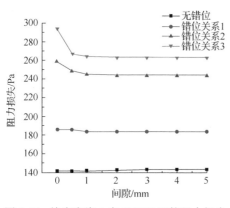

图 3.47　蜂窝陶瓷 1 在 1273K 下的阻力损失

分别比较图 3.45 和图 3.47、图 3.40 和图 3.48、图 3.46 和图 3.49 可知，温度升高后，阻力损失变大，但阻力损失随错位关系的变化规律是一致的，与温度无关。另外，蜂窝陶瓷 1、2、3 在 1273K 下的最大阻力损失差分别是 120Pa、200Pa 和 60Pa，显然，蜂窝陶瓷 3 的最大阻力损失差最小。结合 300K 下这三种蜂窝陶瓷的最大阻力损失差可知，间隙和错位关系对六方孔蜂窝陶瓷的阻力损失的影响要小于其对四方孔蜂窝陶瓷阻力损失的影响。

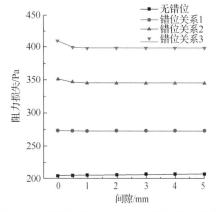
图 3.48　蜂窝陶瓷 2 在 1273K 下的阻力损失

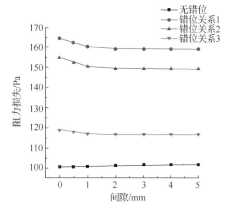
图 3.49　蜂窝陶瓷 3 在 1273K 下的阻力损失

总之，为了保证整个氧化床的阻力损失最小，在安装蜂窝陶瓷时，应在前后两块蜂窝陶瓷之间留有 1～2mm 的间隙。

五、间隙对不同种蜂窝陶瓷间阻力损失的影响

氧化床由多种蜂窝陶瓷排列叠加而成，设置在氧化床中部的蜂窝陶瓷采用孔当量直径大、孔隙率高、耐高温的蜂窝陶瓷，位于氧化床中部蜂窝陶瓷的上下侧的蜂窝陶瓷耐热冲击能力强，且以氧化床中部为对称面、由内向外孔当量直径和孔隙率台阶式减小。因此，在氧化床内部，以氧化床中心为分界点，沿气体流动方向，这三种蜂窝陶瓷的分布依次是蜂窝陶瓷 2、蜂窝陶瓷 1、蜂窝陶瓷 3，从而存在蜂窝陶瓷 2 接蜂窝陶瓷 1、蜂窝陶瓷 1 接蜂窝陶瓷 3，以及蜂窝陶瓷 3 接蜂窝陶瓷 1、蜂窝陶瓷 1 接蜂窝陶瓷 2 的情形。

蜂窝陶瓷 2 接蜂窝陶瓷 1 时的 4 种错位关系如图 3.50 所示，该错位关系下的阻力损失如图 3.51 所示。由图可知，错位关系 1 下的阻力损失最小，错位关系 3 和错位关系 4 下的阻力损失相差不大，错位关系 2 下的阻力损失远大于其他错位关系下的阻力损失。在温度为 300K 时使得阻力损失最小的最适宜间隙是 1mm，温度为 1273K 使得阻力损失最小的最适宜间隙是 2mm。此外，阻力损失和错位间隙的关系与温度无关。

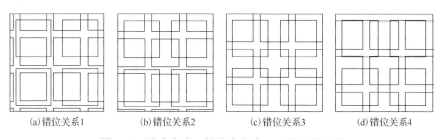
(a)错位关系1　　　　(b)错位关系2　　　　(c)错位关系3　　　　(d)错位关系4

图 3.50　蜂窝陶瓷 2 接蜂窝陶瓷 1 时的错位关系

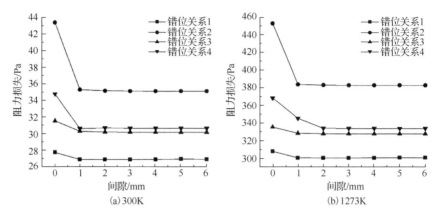

图 3.51　不同温度下蜂窝陶瓷 2 接蜂窝陶瓷 1 时间隙对阻力损失的影响

蜂窝陶瓷 1 接蜂窝陶瓷 3 的错位关系如图 3.52 所示,其阻力损失变化情况如图 3.53 所示。间隙小于 1mm 时,错位关系 3 下的阻力损失远大于错位关系 1 和错位关系 2 下的阻力损失;间隙大于 1mm 后,错位关系 3 下的阻力损失要小于错位关系 1 和错

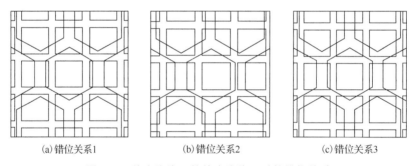

图 3.52　蜂窝陶瓷 1 接蜂窝陶瓷 3 时的错位关系

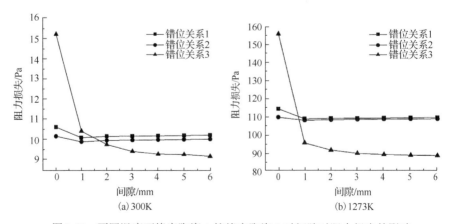

图 3.53　不同温度下蜂窝陶瓷 1 接蜂窝陶瓷 3 时间隙对阻力损失的影响

位关系 2 下的阻力损失。错位关系 1 和错位关系 2 下的阻力损失非常接近。间隙大于 1mm 的情况下，错位关系 3 下的阻力损失与错位关系 1 和错位关系 2 下的阻力损失在高温下的差值接近 20Pa，而在 300K 下的差值只有 1Pa。再观察图 3.51，错位关系 2 和错位关系 1 下的阻力损失在温度为 1273K 时的差值为 90Pa，在温度为 300K 时的差值是 8Pa。这说明错位在高温下对阻力损失的影响比低温下对阻力损失的影响要大得多。图 3.53 中综合各种情况下的阻力损失，最适宜间隙为 2mm。

第五节　氧化床整体的阻力损失

蓄热氧化床作为乏风氧化装置的关键部件之一，是进行热量传递的重要场所，其阻力损失关系热逆流氧化装置整体的能耗，因此，针对氧化床整体的阻力特性研究具有重要意义。以立式氧化床结构为例，考虑氧化床内实际反应过程，建立模型并进行热态氧化床整体阻力特性的研究，氧化床模型如图 3.54 所示。

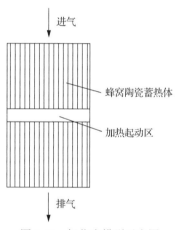

图 3.54　氧化床模型示意图

甲烷蓄热氧化反应的模拟涉及热传导、对流、辐射和化学反应诸方面，为了简化计算，所作假设参考第二章第二节。

一、表观流速对氧化床阻力损失的影响

图 3.55 为在甲烷浓度为 1% 工况下，气体通过氧化床的阻力损失和气流在换向后 30s 时的出口温度随表观流速的变化曲线。从图中可以看出，随着表观流速的增加，阻力损失几乎呈线性关系增加，而气体出口温度开始增加缓慢，在表观流速大于 0.6m/s 后，气体出口温度增加较快。对于结构和尺寸一定的氧化床来说，流体表观流速高，表示氧化床煤矿乏风的处理量大，处理效率高，但是其流动阻力增大和出口温度升高，增加了风机能耗，并且降低了热量回收率。因此，应合理选择流体表观流速。

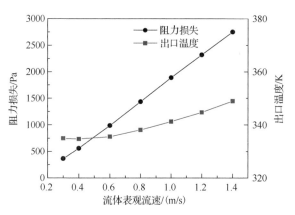

图 3.55　表观流速对阻力损失和出口温度的影响

二、甲烷浓度对氧化床阻力损失的影响

图 3.56 给出了不同甲烷浓度下，煤矿乏风以 1m/s 的表观流速进入氧化床后的阻力损失和出口温度变化曲线。可以看出，阻力损失和出口温度都随着浓度的增加而增加，但增加幅度很小。甲烷浓度从 0.4% 增加到 1.4%，阻力损失仅仅增加了 28Pa，出口温度也只增加 1.2K 左右，所以煤矿乏风中的甲烷浓度对气体流动阻力和出口温度影响不大。

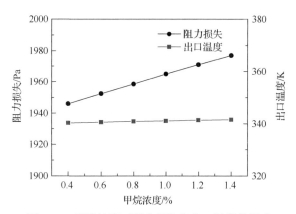

图 3.56　甲烷浓度对阻力损失和出口温度的影响

三、孔隙率对氧化床阻力损失的影响

在煤矿乏风中甲烷浓度为 1% 的工况下，气体以 1m/s 的表观流速进入由不同孔隙率蜂窝陶瓷组成的氧化床，其阻力损失和出口温度的变化曲线如图 3.57 所示。从图中可以看出，阻力损失随着孔隙率的增大而显著降低，而出口温度却相反。孔隙率由 0.5 增大到 0.8，阻力损失由 3620Pa 降低到 180Pa，降低了 95%，而出口温度则

由 339K 增加到 367K，增加了 28K。从上面计算结果可以看出，提高蜂窝陶瓷的孔隙率，可以有效降低氧化床的阻力损失，但是氧化床的蓄热能力也明显减少。由于煤矿乏风中的甲烷浓度非常低，要求氧化床有很强的蓄热能力才能够达到维持自运行的氧化温度，因此，在确定蜂窝陶瓷的孔隙率时应综合考虑阻力损失和蓄热能力等因素。

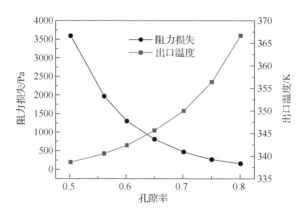

图 3.57　孔隙率对阻力损失和出口温度的影响

四、比热容对氧化床阻力损失的影响

保持煤矿乏风甲烷浓度为 1%、入口气体表观流速为 1m/s、氧化床蜂窝陶瓷孔径为 3mm、孔隙率为 0.56，阻力损失和出口温度随比热容的变化曲线如图 3.58 所示。

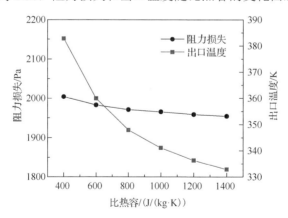

图 3.58　比热容对阻力损失和出口温度的影响

结果表明，与其他参数相比，蜂窝陶瓷的比热容对气体出口温度影响较大。比热容从 400J/(kg·K) 增加到 1400J/(kg·K)，氧化床出口温度降低 52K，效果非常明显。阻力损失也随着比热容的增加而降低，但总共降低了 48Pa，因此，比热容对阻力损失影响不大。蜂窝陶瓷的蓄热能力与比热容成正比，而比热容取决于蜂窝陶瓷的材质和结构。因此，可以通过合理地选择蜂窝陶瓷的材质和结构，增大蜂窝陶瓷的蓄热能力，提高氧化床的运行稳定性。蜂窝陶瓷的蓄热能力增大，可以降低氧化床内部的温度曲线移动速度，延长换向时间，减少换向次数和对蜂窝陶瓷的热震循环次数，提高氧化装置使用寿命。

五、当量直径对氧化床阻力损失的影响

改变蜂窝陶瓷的当量直径，保持其他参数不变，阻力损失和出口温度变化曲线如图 3.59 所示。从图中可以看出，随着当量直径的增加，阻力损失显著降低，而出口温度只有微小变化。这是由于在孔隙率一定的情况下，由气体连续方程可知，进入多孔介质单孔的物理速度是一样的。但由于孔的当量直径不一样，由牛顿内摩擦定律可知，气体之间的内摩擦力与当量直径成反比，所以阻力损失随着当量直径的增加而降低。由于其他参数不变，蜂窝陶瓷的蓄热能力是相同的，所以出口温度变化不大。

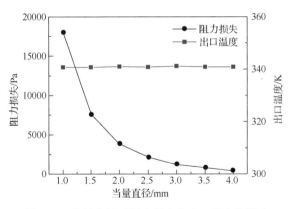

图 3.59　当量直径对阻力损失和出口温度的影响

六、氧化床轴向阻力损失

在煤矿乏风中甲烷浓度为 1% 的工况下，气体以 1m/s 的表观流速进入由四方孔蜂窝陶瓷组成的氧化床，其温度和压强变化曲线如图 3.60 所示。由图可以看出氧化床中间部位的温度和速度都高于上下两端的，且呈现双峰趋势。压强在氧化床轴向时刻变化着，且氧化床中间部位的变化斜率比较大。乏风从上端进入氧化床之后，气体与陶瓷体发生剧烈的热交换，温度逐渐升高，当乏风吸热温度达到 800℃ 时就开始氧化放出热量，气体温度升高；当乏风换向之后，乏风继续吸热氧化放出热量，气体温度升高，所以出现图 3.60 所示的轴向温度的双峰曲线。气体的阻力在氧化床内部剧烈变化，中间部位较入口端和出口端压强变化斜率较大，温度也较高。乏风进入氧化床后，逐渐被加热，温度不断升高，气体不断膨胀，阻力逐渐增大。到氧

化床中间部位，甲烷气体氧化放热，温度较高，气体阻力达到最大值，其变化曲线斜率较大。然后气体又将热量传给蓄热体，温度逐渐降低，阻力也随之降低，变化曲线放缓，在出口处达到最低值。为了降低氧化床的阻力损失，要求氧化床中部具有较强的气体流通能力。

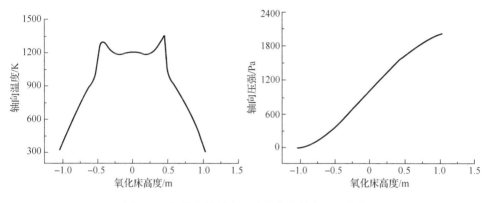

图 3.60　氧化床的轴向温度变化和轴向压强变化

参 考 文 献

[1] 孙文策, 刘宏升. 工程流体力学. 4 版. 大连: 大连理工大学出版社, 2012.
[2] 王红梅. 压汞法测定多孔材料孔结构的误差. 广州化工, 2009(37): 109-112.
[3] 张鸣远. 流体力学. 北京: 高等教育出版社, 2010.
[4] 杜军, 饶文涛, 李朝祥, 等. 陶瓷蓄热体阻力特性的实验研究. 工业炉, 2002, 24(1): 6-9.
[5] LACROIX M, NGUYEN P, SCHWEICH D, et al. Pressure drop measurements and modeling on SiC foams. Chemical Engineering Science, 2007, 62(12): 3259-3267.
[6] 王仕博, 王华, 冯明杰. 利用 Fluent 软件建立蓄热体数学模型的研究. 工业加热, 2006, 35(2): 7-10.
[7] 龚晖, 曾令可, 刘艳春, 等. 耦合边界条件下蜂窝陶瓷传热及气体流动特性的数值模拟. 陶瓷, 2010, 1: 31-37.
[8] AMELIO M, MORRONE P. Numerical evaluation of the energetic performances of structured and random packed beds in regenerative thermal oxidizers. Applied Thermal Engineering, 2007, 27: 762-770.

第四章 蜂窝陶瓷的传热特性

蜂窝陶瓷蓄热体是煤矿乏风瓦斯氧化和热量回收装置的核心部件,其热工性能直接影响煤矿乏风瓦斯的氧化利用。本章采用实验和模拟计算的方法,针对蜂窝陶瓷蓄热体的传热特性进行研究,分析结构参数、运行参数等的影响规律。

第一节 蜂窝陶瓷有效导热系数实验系统

导热系数是研究蜂窝陶瓷热工特性的重要参数。本节采用实验装置直接测出蜂窝陶瓷的有效导热系数,重点研究辐射、孔隙率、测量方向对蜂窝陶瓷有效导热系数的影响规律。

一、实验台设备

本节测量蜂窝陶瓷导热系数选择的实验装置是湘潭市某仪器仪表有限公司生产的 DRS-III导热系数测试仪,该仪器是在 DRS-II 水流量平板法导热系数测试仪基础上改进发展而成的保温材料高温导热系数测试仪器。与 DRS-II 比较,DRS-III导热系数测试仪提高了分辨率和自动化程度,缩短了测试时间,维护更容易,仪器性能更可靠。该仪器适用于耐火保温、陶瓷纤维、毡、纺织物、板、砖等材料在不同温度下导热系数的测试。

DRS-III导热系数测试仪参考标准如下:ASTMC518-04《用热流计法测定稳态热通量和热传递特性的实验方法》;GB/T 10295—2008《绝热材料稳态热阻及有关特性的测定(热流计法)》;YB/T 4130—2005《耐火材料导热系数试验方法(水流量平板法)》;GB/T 17911—2008《耐火陶瓷制品试验方法》等。实验装置如图 4.1 所示。

图 4.1 DRS-III导热系数测试仪

二、实验原理

DRS-III导热系数测试仪采用防护热流计法检测保温材料高温下的导热系数。其原理结构简图如图 4.2 所示。

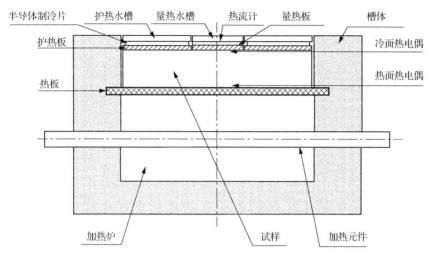

图 4.2　DRS-III 导热系数测试仪原理结构简图

加热炉在高精度温控器控制下加热热板，使热板温度稳定，量热水槽的温度稳定，量热水槽出水连接护热水槽，作护热冷却水用。量热板与护热板组成冷板。中心量热板中的热流计检测流过试样的热流，护热板中的半导体制冷片在温控器控制下，使护热板与量热板温度相等，保证量热板面积下的热流呈一维热流。热面热电偶和冷面热电偶分别测量试样的热面和冷面温度。通过如下公式可计算出试样的导热系数和热阻。

导热系数：

$$\lambda = \frac{Q \times h}{A \times (T_A - T_D)} \tag{4-1}$$

热阻：

$$R = (T_A - T_D) \times \frac{A}{Q} \tag{4-2}$$

式中，λ 为导热系数，$W/(m \cdot K)$；R 为热阻，$K \cdot m^2/W$；T_A 为试样热面温度，K；T_D 为试样冷面温度，K；A 为中心量热面积，m^2；Q 为热流，W；h 为试样厚度，m。

主要技术参数如下：

(1) 导热系数测试范围为 0.010～2W/(m·K)；

(2) 导热系数测试精度为 ±3%；

(3) 试样尺寸为 200mm×200mm～250mm×250mm，厚度为 20～100mm；

(4) 热面最高温度为 1250℃；

(5) 可实现多层试样同时测试；

(6) 电源电压为 220V，频率为 50Hz，功率 ≤ 4kW。

三、实验操作

(1)准备试样。取蜂窝陶瓷试样长×宽×高为 200mm×200mm×100mm,将试样在干燥箱中 110℃±5℃干燥至恒量,即间隔 1h 两次称量的质量变化不超过 0.1%时,可以认为达到恒量。

(2)安装试样。将热面热电偶放在热板的中心位置,在热板与热电偶之间放一层薄薄的棉。在热面热电偶上放试样,试样中心再放冷面热电偶。冷面热电偶上再放一层薄薄的棉。用保温棉将试样与炉壁的间隙填充好。然后压下冷板。

(3)打开主机电源开关,开启计算机,运行测试软件。

(4)打开恒温水槽电源开关,设置温度为室温左右,打开循环开关,打开制冷开关。

(5)在软件中输入试样厚度数据和记录次数后,单击"确认"按钮。打开护热板开关,单击量护温差控制选项区"确认设置"按钮,再单击"制冷启动"按钮。打开电炉开关,设置电炉温度,单击电炉温控选项区"确认设置"按钮,再单击"电炉启动"按钮。

(6)单击"自动测试"按钮,仪器进入自动测试状态。实验完成后自动弹出报告。

(7)如需检测另一温度点导热系数,单击电炉温控选项区"修改设置"按钮,设置电炉温度,单击"确认设置"按钮,再单击"电炉启动"按钮。单击"自动测试"按钮,仪器进入自动测试状态。其监测系统界面如图 4.3 所示。

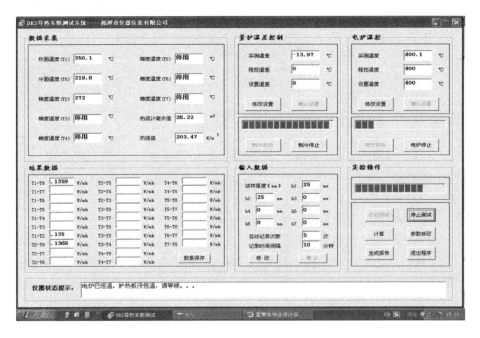

图 4.3 DRS-III导热系数测试仪监测系统界面

第二节　蜂窝陶瓷有效导热系数实验研究

蜂窝陶瓷有效导热系数的数值既与温度有关，也取决于其测量方向、孔隙率、材质等物性参数[1-4]。其中，蜂窝陶瓷有效导热系数的不同测量方向如图 4.4 所示。本节对实验结果从以下几方面进行分析。

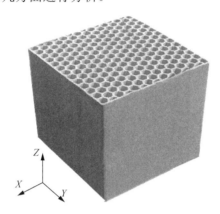

图 4.4　蜂窝陶瓷不同测量方向示意图

一、辐射对导热系数的影响

没有空气流过时，蜂窝陶瓷内的热量传递由三部分构成：通过固体壁面的导热、通过空气的导热以及固体壁面不同部分之间的辐射传热。蜂窝陶瓷的有效导热系数是这三部分传热的综合体现。其中空气导热系数已有相关数据。将辐射传热的影响区分出来有助于加深对蜂窝陶瓷内热量传递过程的认识。

从图 4.5 中可以看出，陶瓷纤维棉的导热系数非常低，其值和空气的导热系数相当，两者的差值比同温度下蜂窝陶瓷导热系数要小一个数量级。这样，蜂窝陶瓷孔用陶瓷纤维棉塞紧时，其导热量与空气的导热量相当，同时可屏蔽蜂窝陶瓷壁面辐射的影响，此时测量的导热系数称为绝对导热系数；而不塞陶瓷纤维棉直接测量的导热系数称为有效导热系数。通过比较蜂窝陶瓷有效导热系数与绝对导热系数，可以了解辐射传热对蜂窝陶瓷内热量传递过程的影响。

从图 4.6 可以直接看出，不论是有效导热系数，还是绝对导热系数，都近似与温度呈线性关系，都随温度的升高而增大；有效导热系数大于绝对导热系数，并且随温度的升高，差值逐渐增大，有效导热系数与绝对导热系数的差值即蜂窝陶瓷孔内壁面辐射传热的影响。

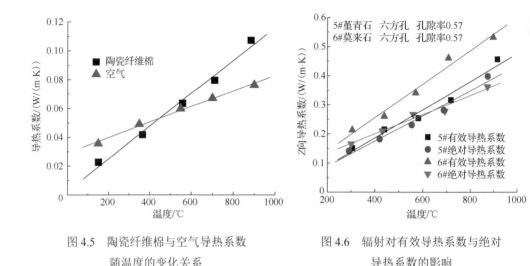

图 4.5　陶瓷纤维棉与空气导热系数
随温度的变化关系

图 4.6　辐射对有效导热系数与绝对
导热系数的影响

　　虽然两种材质蜂窝陶瓷有效导热系数随温度的升高都增大，但莫来石蜂窝陶瓷的有效导热系数始终高于董青石蜂窝陶瓷，而且差值变化不大。而对于绝对导热系数，低温时莫来石蜂窝陶瓷的大，高温时则是董青石蜂窝陶瓷的大。由此可得，董青石蜂窝陶瓷对温度比较敏感，其绝对导热系数受温度影响比较大。

二、孔隙率对有效导热系数的影响

　　为了探究材质、孔型一定，不同孔隙率对有效导热系数的影响，选择两组实验，编号见表 3.3。

　　第一组：2#蜂窝陶瓷孔隙率为 0.57，4#蜂窝陶瓷孔隙率为 0.51。

　　第二组：5#蜂窝陶瓷孔隙率为 0.57，7#蜂窝陶瓷孔隙率为 0.51。

　　由图 4.7 和图 4.8 得出，在材质及孔型相同的条件下，低温时低孔隙率的蜂窝陶瓷有效导热系数大，但随着温度的升高，高孔隙率的蜂窝陶瓷有效导热系数增大比较快，中温时两种孔隙率蜂窝陶瓷有效导热系数基本相等，高温时高孔隙率蜂窝陶瓷的有效导热系数明显超过低孔隙率蜂窝陶瓷。

　　在低温时，传热以固体陶瓷的导热为主。在外形尺寸相同的条件下，低孔隙率蜂窝陶瓷有更多的实体陶瓷，这样，低温时低孔隙率蜂窝陶瓷有效导热系数较高。但高孔隙率蜂窝陶瓷的当量直径大于低孔隙率蜂窝陶瓷的当量直径，这样，相同体积下，高孔隙率蜂窝陶瓷具有更大的孔内面积。高温时，辐射传热增加更快，使有效导热系数快速升高，高孔隙率蜂窝陶瓷有效导热系数追上并超过低孔隙率蜂窝陶瓷，温度越高，差值越大。

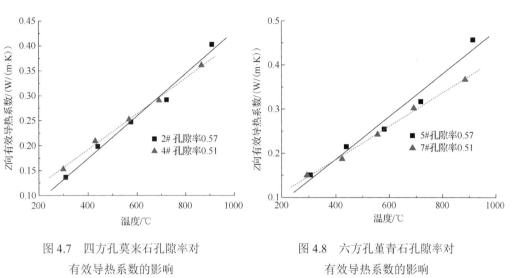

图 4.7 四方孔莫来石孔隙率对
有效导热系数的影响

图 4.8 六方孔堇青石孔隙率对
有效导热系数的影响

三、测量方向对有效导热系数的影响

为了探究同一蜂窝陶瓷不同测量方向对有效导热系数的影响，选择 5#堇青石进行实验测量。

从图 4.9 可以看出，蜂窝陶瓷不同测量方向的有效导热系数不同。其中，蜂窝陶瓷沿 Z 轴方向有效导热系数远大于沿 X、Y 轴方向有效导热系数。蜂窝陶瓷沿 X、Y 轴方向有效导热系数变化曲线近似平行，且数值相差不大。

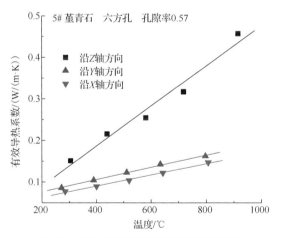

图 4.9 测量方向对有效导热系数的影响

蜂窝陶瓷沿 Z 轴方向有利于热流顺着孔道向上传递，并且孔道大的内表面积使辐射传热效果显著。而蜂窝陶瓷沿 X、Y 轴方向时陶瓷实体与孔道相间排布，多层陶瓷孔道对辐射传热起到屏蔽作用。沿 X、Y 轴方向蜂窝陶瓷的有效导热系数更接近陶瓷实体骨架的纯导热系数。因此，沿 Z 轴方向有效导热系数远大于其他两种方向有效导热系数。沿 X、Y 轴方向时，孔与孔之间的陶瓷实体横截面积相差很小，又基本没有辐射的影响，接近陶瓷实体骨架的纯导热系数，所以，两者有效导热系数变化近似平行，且数值相差不大。由于蜂窝陶瓷沿 Y 轴方向比沿 X 轴方向的传热路径短一些，传热热阻较小，所以相同温度下蜂窝陶瓷沿 Y 轴方向有效导热系数比沿 X 轴方向有效导热系数大一些。

第三节　蜂窝陶瓷传热性能实验系统

本实验台是改造后的蜂窝陶瓷蓄热体综合性能实验台，为单向预热系统，燃料为液化石油气。整个实验台主要由配风系统、燃烧系统、蓄热系统、监测控制系统组成，其结构如图 4.10 所示。与原来的蜂窝陶瓷蓄热体综合性能实验台相比，明显的改进有：在排烟尾管增加一个皮托管，可以实时测量排烟流量与温度；改变了热电偶的布置方式；通过两个变频器调节两台风机的转速，从而可以精确调节风机的送风量。

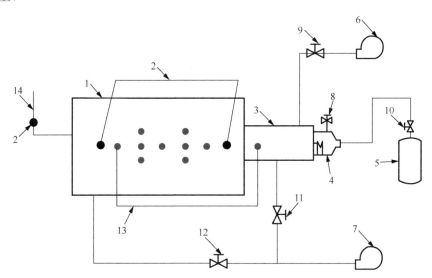

图 4.10　蜂窝陶瓷蓄热体综合性能实验台组织结构图

1-蓄热室；2-皮托管；3-混风室；4-燃烧器；5-液化气罐；6、7-风机；

8～12-流量调节阀；13-热电偶；14-排烟尾管

配风系统的主要作用是维持实验工况所要求的风量，提供可燃气体燃烧所需的氧气量。它包括两台风机、混风室、燃烧器上的风机、排烟尾管、流量调节阀，以及连接风机和混风室、蓄热室和排烟尾管的管路。在这两台风机中，风机 7 由蓄热室下部通风，风机排出的空气不经过蓄热室而直接接到排烟尾管，用来降低排放烟气温度，防止烟气温度过高而损坏排烟尾管。风机 6 将空气直接由混风室吹入蓄热室，通过蓄热室内的蓄热体后经排烟尾管排入大气。燃烧器有一个自带的风机用来维持燃烧器的燃烧，为液化石油气燃烧提供所需的氧气，同时为燃烧器降温。实验用蓄热体见第二章。

燃烧系统的主要作用是维持液化石油气的燃烧，并为蓄热室提供工况所要求的热风温度或者烟气温度。其主要包括燃烧所用的燃料——液化石油气、燃烧器和混风室。燃料在燃烧器被点燃后在混风室内充分均匀地燃烧。

蓄热室主要用来安置蜂窝陶瓷蓄热体，是整个实验台上最重要的部分。在该部分布置着测温用铠装 K 型热电偶和测压用皮托管。该部分由绝热的耐火材料围砌而成，减少蜂窝陶瓷的散热，使蓄热体的温度保持在较高的水平。蜂窝陶瓷蓄热体的总长度为 300 mm，由三块同种陶瓷依次排列而成。在整个蜂窝陶瓷内部共设置 9 个热电偶的测点，分布在所研究的蓄热段的前后、入口与出口的上中下部和蓄热段的正中央，其布置如图 4.11 所示。

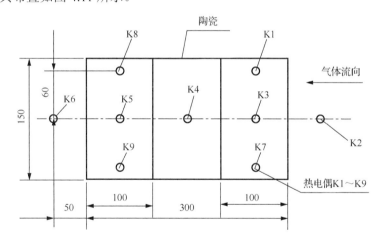

图 4.11　蜂窝陶瓷和 K1～K9 热电偶布置图

监测控制系统包括温度自动采集系统及压力自动采集系统，主要是为了实时监测并自动记录整个实验台内各个热电偶测点的温度和流体进出蜂窝陶瓷所造成的阻力损失，并将其实时显示在终端输出装置，即计算机操控界面上。实验所用电偶为标定过的镍铬-镍硅露头型铠装热电偶，沿烟气流动方向上的热电偶直径为6mm，另外四个垂直于烟气方向的热电偶直径为 3mm。蓄热室两端的皮托管都连接在微压差变送器上，通过计算皮托管的动压而显示流量，并将数据送到计算机的终端显示器上。

第四节　蜂窝陶瓷蓄放热特性实验研究

本节采用的实验系统为单向预热系统，燃料为液化石油气。为了评价蜂窝陶瓷蓄热体的传热性能，蜂窝陶瓷蓄热体传热性能的评价指标如下。

(1)蓄热时间。从开始对蜂窝陶瓷蓄热体进行加热到蓄热室蜂窝陶瓷内部的温度稳定在所需的实验温度的时间，即实验测试用蜂窝陶瓷达到热饱和状态所用的时间。

(2)放热时间。蓄热室内蜂窝陶瓷达到热饱和状态，蜂窝陶瓷的温度基本稳定不变。从此时开始，迅速切断燃烧器的燃气供应，而风机6、风机7和燃烧器风机以当时实验工况下的送风量继续对实验系统提供室温冷风，对实验测试用蜂窝陶瓷进行降温，到当所有热电偶平均温度降低到100℃时所用的时间。

在蓄热阶段，人工操作调节燃气送气量可能造成实际烟气温度与实验所需的温度存在偏差，从而影响蓄热时间。而放热时间则都是蜂窝陶瓷由实验所需温度的热饱和状态迅速冷却到所有热电偶平均温度降低到100℃所用的时间。由于测量条件所限，忽略阻力损失的变化对所有风机室温送风量的影响，即认为所有风机在实验过程中室温送风量保持不变。这样，放热时间就可以衡量蜂窝陶瓷的放热速度。

热电偶K4所测的是蜂窝陶瓷中心点的温度，可以看作所有实验测试用蜂窝陶瓷整体的温度。热电偶K4从高温至低温的变化时间作为蜂窝陶瓷的放热时间，热电偶K4位置如图4.11所示。本节主要以放热时间为标准来探究蜂窝陶瓷的传热特性。

为了更好地研究蜂窝陶瓷蓄热体的传热性能，得出蓄热室操作参数和结构参数对蓄热室传热特性的影响，将实验分成若干组进行，每次改变蓄热室一个参数，对蓄热室内温度、进排烟温度进行实时记录。

一、蓄热室内温度分布

蓄热室燃烧过程是一个需要进行周期性蓄热、放热的过程。为了更好地研究蓄热室内蓄热体传热过程，对蓄热室在蓄热、放热过程中的温度分布进行研究十分重要。对蓄热室内温度分布研究的实验工况如下：调节燃烧器和风机，保持蓄热室入口风温1000℃、表观流速0.6m/s基本不变，对蓄热室内蓄热体进行加热，在蓄热室内蓄热体基本达到热饱和状态后，关闭燃烧器，对蓄热室进行降温，蓄热室内蓄热体为放热状态。通过布置在蓄热室上的热电偶对蓄热室内蓄热体蓄热、放热期的温度进行连续测量，从而得出蓄热室内温度变化分布曲线。实验分两组进行，两组实验所选陶瓷蓄热体材质均为莫来石，六方孔，长度为300mm。第一组为蓄热体22，第二组为蓄热体21(编号见表3.1)。通过布置在蓄热室上的热电偶对蓄热体温度进行连续测量，得到实验结果如图4.12和图4.13所示。

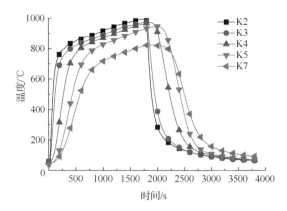

图 4.12　蓄热体 22 时蓄热室内温度分布

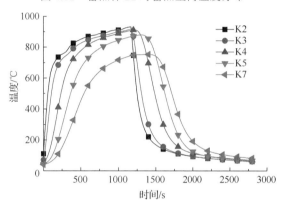

图 4.13　蓄热体 21 时蓄热室内温度分布

图 4.12 和图 4.13 中 K2 测点温度为进入蓄热体的烟气温度。K7 测点温度为蓄热室出口的烟气温度。K3、K4、K5 测点温度为蓄热体不同长度断面的温度(以下各图表示相同)。

由图 4.12、图 4.13 可知,在蓄热体不同断面上,温度随时间的变化具有相同的规律性。对比图 4.12、图 4.13 可知,不同蓄热体的蓄/放热速率、蓄热体达到热饱和状态的时间都有所不同。

二、孔隙率对蓄热体传热特性的影响

由上可知,不同蓄热体的传热性能在相同操作参数下也有所不同。为验证蓄热体孔隙率对蓄热体传热性能的影响规律,实验分两组进行。两组实验所选陶瓷蓄热体材质均为莫来石,长度为 300mm,第一组蓄热体为六方孔,分别选用蓄热体 22(孔隙率为 0.55)、蓄热体 24(孔隙率为 0.57)、蓄热体 21(孔隙率为 0.64);第二组蓄热体为圆孔,分别选用蓄热体 33(孔隙率为 0.50)、蓄热体 34(孔隙率为 0.53)、蓄热体 32(孔隙率为 0.58)。实验保持入口烟气温度为 1000℃,表观流速为 0.6m/s 左右。通过布置在蓄热室上的热电偶对蓄热体的温度进行连续测量，得到实验结果如图 4.14～图4.17 所示。

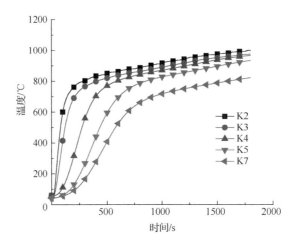

图 4.14　蓄热体 22 蓄热阶段温度随时间变化

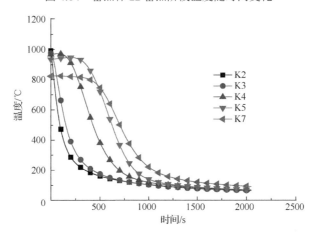

图 4.15　蓄热体 22 放热阶段温度随时间变化

由图 4.14～图 4.17 可知，不同孔隙率的蓄热体的蓄热时间、放热时间都不相同。为了更好地对比孔隙率对蓄热体的传热特性的影响，取蓄热体三个测点温度的平均值进行蓄热体蓄放热过程的直观比较，所得结果如图 4.18 和图 4.19 所示。

由图 4.18 可知，在操作参数相同的情况下，蓄热体 22、24、21 蓄热前期时间都约为 500s，温度达到约 800℃，三者的升温速率近似一致。在温度达到 800℃以后，三种蓄热体逐渐进入蓄热后期。蓄热体 22 的蓄热后期时间约为 1500s，其最高温度约为 950℃。蓄热体 24 的蓄热后期时间约为 1100s，其最高温度比蓄热体 22 稍低 50℃。蓄热体 21 的蓄热后期时间约为 700s，其最高温度约为 850℃。蓄热后期过后，蓄热体进入放热期，三者的放热时间都约为 500s。观察图 4.19，不同孔隙率蓄热体温度随时间变化关系与图 4.18 相似，只是在蓄热后期，仔细观察可发现，随着孔隙率的增大，蓄热体 32 的蓄热速率略大于蓄热体 34 的，蓄热体 34 的蓄热速率略大于蓄热体 33 的。

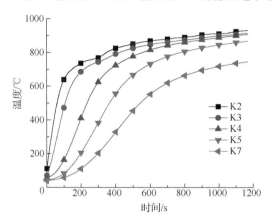

图 4.16　蓄热体 21 蓄热阶段温度随时间变化

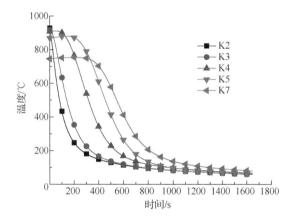

图 4.17　蓄热体 21 放热阶段温度随时间变化

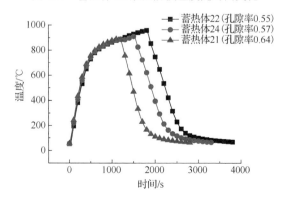

图 4.18　六方孔型不同孔隙率蓄热体温度随时间变化

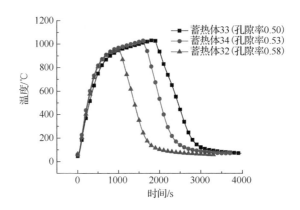

图 4.19　圆孔型不同孔隙率蓄热体温度随时间变化

　　综合分析，由图 4.18、图 4.19 得出，蓄热体孔隙率对蓄热体蓄热前期、放热期的影响并不十分明显。但随着孔隙率的增大，蓄热体蓄热后期时间缩短。这主要是因为随着孔隙率增大，在蓄热体相同体积下，蓄热体质量减少导致蓄热体蓄热能力减弱。但同时随着孔隙率的增大，气体在蓄热体孔道内的流通性增强，所以导致图 4.19 中蓄热体蓄热期蓄热速率随着孔隙率的增加而增大，但是相比孔隙率增加引起的蓄热体质量减小对蓄热体蓄热能力的影响来说，这一影响并不十分明显。

三、孔型对蓄热体传热特性的影响

　　前面分析了蓄热体孔隙率对蓄热体传热性能的影响规律，而蓄热体孔型的改变会引起蓄热体当量直径和孔隙率的改变。为研究蓄热体孔型对蓄热体传热性能的影响，在保持蓄热体材质、孔隙率不变的情况下，选用不同孔型的蓄热体进行相关实验。

　　实验分两组进行。两组实验选用陶瓷蓄热体长度为 300mm，孔隙率为 0.57，第一组蓄热体为莫来石，分别选用蓄热体 24(六方孔)、蓄热体 7(四方孔)；第二组蓄热体为堇青石，分别选用蓄热体 18(六方孔)、蓄热体 6(四方孔)。所有实验保持入口烟气温度为 1000℃，表观流速为 0.6m/s 左右。通过布置在蓄热室上的热电偶对蓄热体的温度进行连续测量，得到实验结果如图 4.20、图 4.21 所示。

　　由图 4.20、图 4.21 可知，在孔隙率一定的情况下，不管是莫来石蓄热体还是堇青石蓄热体，在蓄热期六方孔蓄热体(蓄热体 24、18)升温速率分别略大于四方孔蓄热体(蓄热体 7、6)，这种现象在蓄热后期比较明显。同时可以发现，各组中，两种蓄热体能达到的最高温度相同(约为 900℃)。各组中，两种蓄热体放热时间分别约为 400s、700s，放热速率近似一致。

　　综合分析，孔型对蓄热体传热的影响主要在蓄热后期。六方孔蓄热体的饱和时间明显小于四方孔蓄热体。这主要是因为在孔隙率相同时，两种蓄热体在相同体积情况下质量比较接近，但是六方孔蓄热体的当量直径要大于四方孔蓄热体的当量直径。当量直径的增加使气体在六方孔蓄热体中的流通性增强，所以六方孔蓄热体的蓄热速率在蓄热期略大于四方孔蓄热体。另外，当量直径的增加使蓄热体的壁厚减少，所以六方孔蓄热体的蓄热后期时间较四方孔蓄热体的要短。

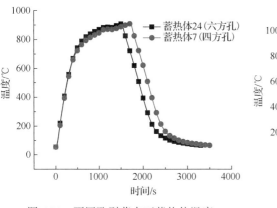

图 4.20 不同孔型莫来石蓄热体温度随时间变化

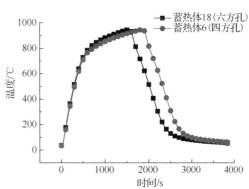

图 4.21 不同孔型堇青石蓄热体温度随时间变化

四、流速对蓄热体传热特性的影响

为了研究流量对蓄热体传热性能的影响规律，在保证蓄热体长度和种类不变的情况下，通过改变蓄热室流速进行实验。

实验选用蓄热体 17，长度为 300mm。实验在保持入口烟气温度为 1000℃基本不变的情况下，分别调节气体表观流速为 0.6m/s、0.9m/s、1.2m/s。通过布置在蓄热室上的热电偶对蓄热体的温度进行连续测量，得到实验结果如图 4.22 所示。

由图 4.22 可知，在蓄热阶段，随着流速的增加，蓄热体的升温速率逐渐增大。在蓄热后期，随着流速的增加，蓄热体的蓄热后期时间逐渐变短。在放热期，随着流速的增加，蓄热体的放热速率基本不变。同时还发现，随着流速的增加，蓄热体所能达到的最高温度增加。这主要是因为，随着流速的增加，在蓄热体保持不变时，流经蓄热体的单位时间的质量流量增加，蓄热体的蓄热量增加，蓄热体的升温速率增加。

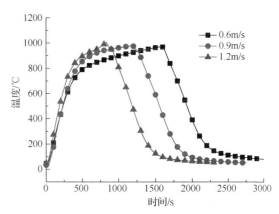

图 4.22 流速对蓄热体传热的影响

五、材质对放热性能的影响

为了探究孔型、孔隙率、蓄热室冷风流量相同时,不同材质对蜂窝陶瓷放热特性的影响,选取两组实验,孔隙率均为 0.57,蓄热室冷风流量为 50m³/h,均由室温升温至 850℃左右,然后迅速降温到 100℃以下,蜂窝陶瓷编号见表 3.3。

第一组:四方孔,孔隙率为 0.57,1#蜂窝陶瓷为堇青石,2#蜂窝陶瓷为莫来石,如图 4.23 所示。

第二组:六方孔,孔隙率为 0.57,5#蜂窝陶瓷为堇青石,6#蜂窝陶瓷为莫来石,如图 4.24 所示。

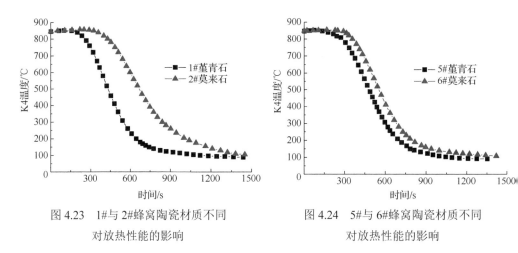

图 4.23　1#与 2#蜂窝陶瓷材质不同　　　　图 4.24　5#与 6#蜂窝陶瓷材质不同
　　　　对放热性能的影响　　　　　　　　　　　　对放热性能的影响

从图 4.23 和图 4.24 可以看出,两组实验中的 4 种蜂窝陶瓷在材质不同时 K4 降温曲线变化趋势基本类似,即放热前期和放热后期降温速率慢,放热中期降温速率最快。通过两组材质对比,得出在相同孔型、孔隙率、蓄热室冷风流量下,堇青石蜂窝陶瓷蓄热体在放热开始后 K4 温度首先开始降低。K4 温度由实验温度 850℃左右降到 100℃以下时,莫来石蜂窝陶瓷蓄热体放热时间长,但传热系数大,即放热能力强。

第三章已经实验测出结果,在相同的温度下,莫来石蜂窝陶瓷的比定压热容要略大于堇青石蜂窝陶瓷的比定压热容;根据蜂窝陶瓷的物性参数,莫来石蜂窝陶瓷的密度要大于堇青石蜂窝陶瓷的密度。这样,在相同的 K4 温度和蜂窝陶瓷体积下,莫来石蜂窝陶瓷所存储的热量要大于堇青石蜂窝陶瓷存储的热量。两组实验都是在相同的蓄热室冷风流量下,单位时间内带走的热量差不多,由于堇青石蜂窝陶瓷所存储的热量相对较少,所以堇青石蜂窝陶瓷 K4 温度首先下降。

相同实验温度和陶瓷体积下,堇青石蜂窝陶瓷由于所含热量少,在蓄热室冷风流量相同时,K4 温度由实验温度 850℃左右降到 100℃以下时所用的时间较短;而莫来石蜂窝陶瓷所含热量多，放热时间较长。在相同的放热时间内，董青石蜂窝陶瓷 K4 温度较低，传热系数较小；而莫来石蜂窝陶瓷 K4 温度则相对较高，传热系数大，放热速率快，传热能力强。

六、实验温度对放热性能的影响

为了探究蜂窝陶瓷、蓄热室冷风流量相同时，不同实验温度对蜂窝陶瓷放热特性的影响，选取两组实验，材质均为董青石，孔型均为四方孔，蓄热室冷风流量均为 50m³/h。

第一组：1#蜂窝陶瓷孔隙率为 0.57，董青石，四方孔，实验加热温度为 250℃、550℃和 850℃，如图 4.25 所示。

第二组：3#蜂窝陶瓷孔隙率为 0.51，董青石，四方孔，实验加热温度为 250℃、550℃和 850℃，如图 4.26 所示。

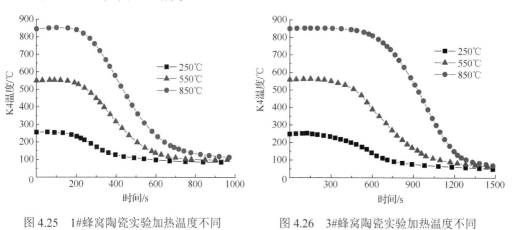

图 4.25　1#蜂窝陶瓷实验加热温度不同　　　　　图 4.26　3#蜂窝陶瓷实验加热温度不同
　　　　　对放热性能的影响　　　　　　　　　　　　　　　对放热性能的影响

由图 4.25 和图 4.26 可以看出，两组实验中的两种蜂窝陶瓷在不同实验温度下 K4 降温曲线变化趋势基本一样，即放热前期和放热后期降温速率慢，放热中期降温速率最快。通过不同实验温度对比，同一蜂窝陶瓷蓄热体在相同蓄热室冷风流量下实验加热温度越高，K4 温度开始下降时所需的时间越长。此外，实验加热温度越高，放热速率越快，需要的放热时间也越长。

第五节　蜂窝陶瓷传热特性的数值模拟研究

一、数学模型

陶瓷蓄热体横截面均匀分布着规整小孔。各孔具有几何对称性，传热特性相似，因此可以取一个单元孔作为研究对象，壁厚取对称的半壁厚。用于数值模拟的蜂窝陶瓷蓄热体通道横截面及单个三维孔通道如图 4.27 所示。

固体区域的外边界设为绝热边界条件，内壁面(气固交界面)设为气固耦合边界条件：

$$T_{蜂窝体} = T_{气体}（温度连续）\tag{4-3}$$

$$-\lambda\left(\frac{\partial T}{\partial n}\right)\Big|_{蜂窝体} = h\left(T_{\mathrm{w}} - T_{\mathrm{f}}\right)\big|_{气体}\tag{4-4}$$

建立气相的质量、动量守恒方程和气固两相的能量守恒方程，利用 Fluent 软件计算蜂窝陶瓷蓄热体对流传热的流场、温度场[5]。

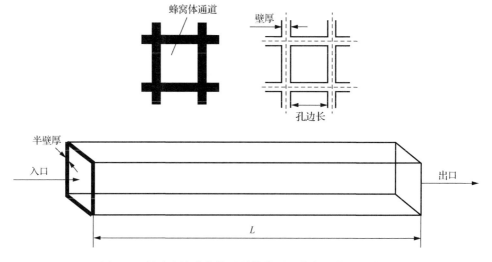

图 4.27　蜂窝陶瓷蓄热体通道横截面及单个三维孔通道图

二、数值模拟结果及分析

(一)单通道内的非定常对流传热过程

在孔道内的对流传热过程非常剧烈，这是因为其温度边界层非常薄，因此适用于蓄热式换热器。随着时间的推进，在入口处的流速核心区与温度核心区向下游延伸。在高温和高速区域的压力梯度也非常大。不同时刻沿流向的温度分布如图 4.28 所示，20s 和 30s 时刻的横截面温度场如图 4.29 所示。图 4.30 列出了 10s、20s、30s、40s、50s、60s 时刻的沿流向的速度云图。图 4.31 给出了相应时刻沿流向的静压云图。

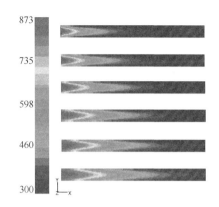

图 4.28 不同时刻沿流向的温度分布（单位℃）

(注：从上至下为 10s、20s、30s、40s、50s、60s)

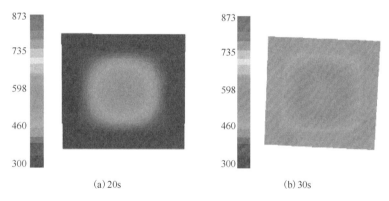

(a) 20s   (b) 30s

图 4.29 横截面的温度场（$x = 25$mm，单位℃）

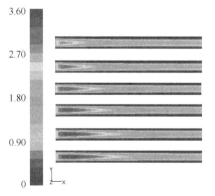

图 4.30 不同时刻沿流向的速度云图（单位 m/s）

(注：从上至下为 10s，20s，30s，40s，50s，60s)

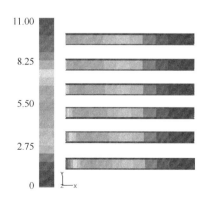

图 4.31 不同时刻沿流向的静压云图（单位 Pa）

(注：从上至下为 10s，20s，30s，40s，50s，60s)

图 4.32 和图 4.33 分别给出了温度与阻力损失随时间的变化关系。由图中可知随着时间的推进，出口气体和壁面的温度都会上升，但上升速度逐渐放慢，阻力损失逐渐增大。

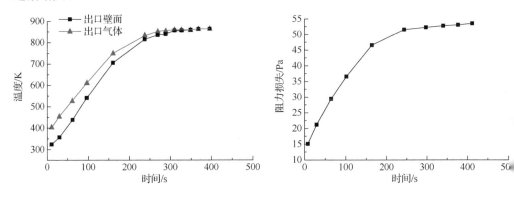

图 4.32　温度随时间的变化　　　　图 4.33　阻力损失随时间的变化

（二）入口气体温度对传热和阻力损失特性的影响

图 4.34 和图 4.35 给出了不同入口温度下的传热特性和阻力损失特性。从图中看出，入口气体和陶瓷的温差越大，传热强度越大，在相同时间内的传热量越多，但阻力损失会越大。

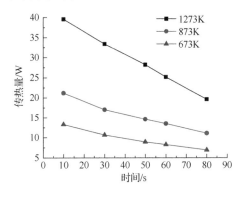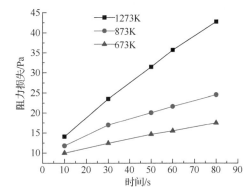

图 4.34　不同入口温度下的传热特性　　　　图 4.35　不同入口温度下的阻力损失变化

（三）孔边长对传热和阻力损失特性的影响

图 4.36 和图 4.37 给出了在不同孔边长情况下的出口气体温度和阻力损失的变化情况。从图中可以看出，陶瓷壁厚和入口流速相同的条件下，孔边长越长，传热效果越差，但阻力损失会减小。

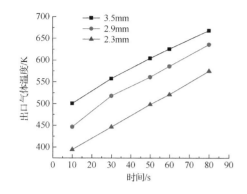

图 4.36　不同孔边长情况出口气体温度的变化　　　图 4.37　不同孔边长情况阻力损失的变化

（四）壁厚对传热和阻力损失的影响

图 4.38～图 4.40 给出了不同壁厚条件下入口温度、出口静温和阻力损失随时间的变化关系。从图中可以看出，壁厚越大，则陶瓷的热容越大，蓄热能力越强，从而传热损失越少。但壁厚过大会使通道内的流速过大，从而会使传热损失和阻力损失增大。因此，应选择适用于热逆流氧化装置的最佳壁厚。

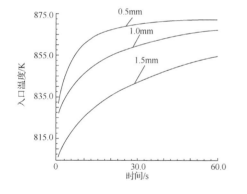

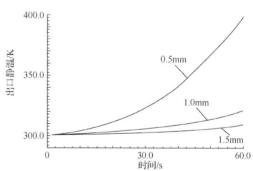

图4.38　不同壁厚条件下入口温度随时间的变化　　　图 4.39　不同壁厚条件下出口静温随时间的变化

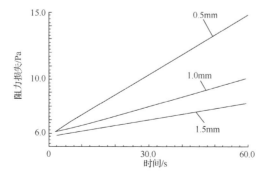

图4.40　不同壁厚条件下阻力损失随时间的变化

第六节　蜂窝陶瓷蓄热体内热量扩散规律研究

一、实验装置

本节仍然采用本课题组自行建设的蜂窝陶瓷蓄热体综合性能实验台。

为研究通风故障条件下陶瓷床内的传热规律，首先要获得与正常工作时陶瓷床温度分布接近的抛物线形温度分布。实验时首先通入高温烟气加热陶瓷，陶瓷的温度分布从入口到出口单调降低。待陶瓷前部的温度足够高，关掉燃烧器，通入冷空气。入口段陶瓷被冷却，同时空气被加热，热量由空气携带向出口端传递；一段时间后沿陶瓷轴线形成抛物线形温度分布，关闭风机，研究陶瓷床内热量扩散规律。

二、数学模型

（一）能量守恒方程的建立

氧化床采用一维非均质连续模型。气体的能量平衡应考虑到轴向热传导、对流和反应热的影响。气体的蓄热能力相对于固体的蓄热能力非常小，因此忽略气体的蓄热作用。那么，气体的能量平衡方程[6]为

$$\frac{\partial}{\partial x}\left(k_{f,eff}\frac{\partial T_f}{\partial x}\right) - \frac{u_s}{\varepsilon_s}\rho_f C_{p,f}\frac{\partial T_f}{\partial x} - ha\left(T_f - T_s\right) = 0 \tag{4-5}$$

固体的能量平衡应考虑热传导、辐射、对流和陶瓷的蓄热，经推导，固体能量平衡方程为

$$k_{s,eff}\left(4\varepsilon\frac{\partial^2 T_s}{\partial x^2} - D^2\frac{\partial^4 T_s}{\partial x^4}\right) + 4a\varepsilon\sigma D^2 T_s^2\left[3\left(\frac{\partial T_s}{\partial x}\right)^2 + T_s\frac{\partial^2 T_s}{\partial x^2}\right]$$

$$- ha\left[4\varepsilon(T_s - T_f) - D^2\left(\frac{\partial^2 T_s}{\partial x^2} - \frac{\partial^2 T_f}{\partial x^2}\right)\right]$$

$$= (1-\varepsilon_s)\rho_s C_{p,s}\left[4\varepsilon\frac{\partial T_s}{\partial t} - D^2\frac{\partial^2}{\partial x^2}\left(\frac{\partial T_s}{\partial t}\right)\right] \tag{4-6}$$

（二）边界条件和初始条件的建立

对于气体方程，入口边界采用 Dirichlet 条件，规定入口气体温度保持常数，出口边界温度梯度为 0。对于固体方程，入口和出口边界与环境有辐射传热。陶瓷床温度场初始值由实验结果插值得到，假设固体和气体初始温度相同[7,8]。

方程(4-5)、方程(4-6)和边界条件、初始条件共同构成蜂窝体空腔辐射传热、对流传热和热传导复合换热的完整数学描述。使用 FlexPDE 软件对该模型进行数值求解。

三、实验结果与计算结果的对比分析

(一)模型有效性分析

图 4.41 为氧化床热工特性实验结果与计算结果的对照。在氧化床中形成抛物线形温度场。沿陶瓷床轴线布置六个热电偶。根据测量温度拟合温度场分布函数,作为数值模拟的初场,计算陶瓷床中的热量传递过程。得到随时间变化的温度场,并与热电偶的测量值比较。两者吻合良好。

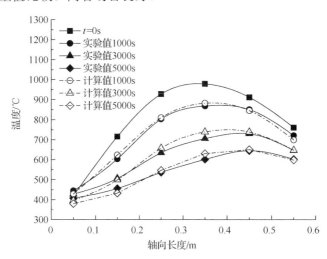

图 4.41　蜂窝陶瓷冷却过程实验结果与计算结果对照

从图 4.41 可以看出来,陶瓷床的温度场在整体降低的过程中,其峰值温度有向后移动的趋势,说明其热量传递并非对称地由中部的高温区向前后两端的低温区扩散。这是因为实验过程中,实验装置尾部的烟囱内是温度较高的空气,其密度低于环境中的空气密度,使得烟囱具有一定的自生通风能力,对实验段的陶瓷床产生一定的抽吸作用。虽然烟囱高度只有 2m,依然可以使得空气以缓慢的速度通过陶瓷床。

氧化床入口段温度降幅不明显是因为其沿轴向、径向的散热量都不大:在轴向上,入口段靠近燃烧室,而燃烧室由耐火水泥浇筑而成,有较大的蓄热量,对入口段陶瓷床具有较好的保温作用;另外,入口段陶瓷床温度远低于中、后部陶瓷床的温度,通过保温层径向传热的温度梯度较小,因此其径向的散热量也很小。

随着时间的延长,数值计算得到的温度略高于实验测得的温度,这是由于本节设置的散热量略小于实际散热量。适当增大散热系数可以获得与本实验更加吻合的计算结果。由于不同的乏风瓦斯氧化装置的散热量随保温工艺、保温材料的不同而不同，所以此处的差异不影响本模型的有效性。下面利用本模型研究陶瓷氧化床内的热量传递规律。

(二)陶瓷床热量传递规律

由于陶瓷床内可能有气体缓慢地流动，陶瓷床内的热量传递有热传导、辐射传热和对流传热三种方式。另外，沿径向通过保温层的散热也会影响到陶瓷床的温度分布。下面讨论这几种因素对陶瓷床内温度场变化规律的影响。为了便于对照，仍然采用与模型有效性验证部分相同的初始温度场。

图 4.42 为无散热、无对流传热时温度场的变化情况。由图可得，在热传导和辐射传热的作用下，温度场的抛物线形状保持良好：本模型中由于考虑燃烧室的保温作用，入口段温度保持稳定；出口端温度降幅较大，陶瓷床内热量主要通过出口端以辐射传热方式散发到环境中，降温速率较慢；陶瓷床的高温区维持在陶瓷床中部，未发生明显的偏移。

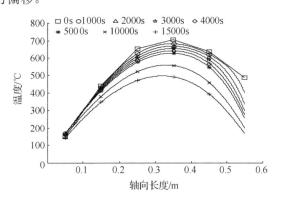

图 4.42　只考虑辐射和导热的温度场

图 4.43 在图 4.42 的基础上考虑由自生通风能力产生的极缓慢的气相流动。从图中可以看出，气体流动对热量传递有非常显著的影响，即使只有 0.01m/s 的流速，也明显改变了陶瓷床温度场的变化规律：来流方向上的温度很快降低，与此对应的是出口端的散热由于热空气的流出而大幅增加，整个陶瓷床的降温速度明显增大；高温区沿流动方向发生了明显的偏移，从陶瓷床中部移向出口端，高温气体流出陶瓷床。这是一种非常危险的情形，在实际氧化装置中，高温气体可导致管路系统及下游换向机构的高温损坏。

考虑径向散热与导热、辐射的综合作用时，陶瓷床内的温度场如图 4.44 所示。温度场的抛物线形状得到较好的保持，温度场的高温区未见明显偏移。径向的散热明显增大了陶瓷床的降温速率。

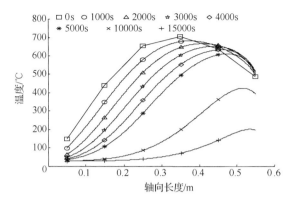

图 4.43　考虑导热、辐射和气固之间的对流传热的温度场(气体流速为 0.01m/s)

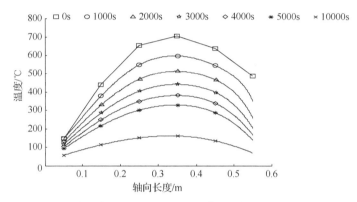

图 4.44　考虑辐射和导热及 330 W/(m³·K) 的散热系数时的温度场

不同散热系数的影响如图 4.45 所示。各条曲线均考虑热传导、辐射传热、对流传热及径向散热损失的影响。由图可知，在对流传热的作用下，不同散热系数下温度

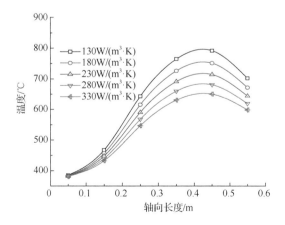

图 4.45　不同散热系数下 5000s 时的温度曲线

场均发生了高温区的偏移，且偏移量相当，可见散热不会影响温度场的偏移。但是高温区在偏移的同时其温度也在降低，当散热系数较大时，其温度降低较快，这对抑制出口端温度的升高、保护换向机构是有利的。

参 考 文 献

[1] 吕兆华. 泡沫型多孔介质等效导热系数的计算. 南京理工大学学报, 2001, 25(3): 257-261.

[2] 潘宏亮. 多孔介质有效导热系数的计算方法. 航空计算技术, 2000, 30(3): 13-15.

[3] 梅鸣华, 张秀华, 田志宏, 等. 耐火材料水流量平板法导热系数的测试及其不确定度分析. 工程与试验, 2010, 50(1): 15-39.

[4] 徐烈, 周淑亮. 低温导热系数测量的影响因素. 冶金能源, 1993(1): 39-42.

[5] 陈红荣, 孙英文. 蜂窝蓄热体温度特性数学解析. 能源工程, 2002(6): 13-16.

[6] 王唯威, 淮秀兰. 分形多孔介质导热数值模拟分析. 工程热物理学报, 2007, 28(5): 835-837.

[7] 王关晴, 黄曙江, 丁宁, 等. 泡沫陶瓷多孔介质有效导热特性研究. 中国电机工程学报, 2010, 30(11): 73-78.

[8] 刘达权. 陶瓷的热物理性质. 西北轻工业学院学报, 1998, 37(10): 20-26.

第五章　蓄热蜂窝陶瓷的热震特性

蜂窝陶瓷蓄热体是煤矿乏风氧化装置的核心部件，其正常稳定运行是逆流氧化装置高效节能的保证。在实际应用过程中蓄热材料受到往复循环的热冲击作用，容易导致蜂窝孔破损、错位、堵塞等问题，影响了氧化装置的换热效果和乏风的利用效率，因而对蓄热材料的抗热震性有很高的要求。本章选取蜂窝陶瓷蓄热体常用的莫来石材料对其抗热震性进行研究，为莫来石陶瓷蓄热体的工程设计、断裂分析、寿命预测、可靠性评价等提供有力的参考依据。

第一节　热　震　理　论

一、热震基础理论

陶瓷材料因抵抗温度聚变产生的热应力而不被破坏的能力即抗热震性。热冲击过程中产生的热应力是由材料的热学性能和力学性能共同决定的，并受环境和构件几何形状的影响，因而用以表征陶瓷材料抵抗温度变化能力的抗热震性也是其力学参数和热学参数的综合体现。

陶瓷材料的本征脆性决定了自身缺乏足够松弛应力的塑性，所以在经受热冲击时它只能依靠裂纹成核和扩展新生表面来分散热震产生的弹性应变能。工程陶瓷热环境中宏观破坏形式主要有热冲击下的瞬时脆断和热疲劳作用下的开裂、剥落、最终破坏的热震损伤两种。

陶瓷材料的热震理论研究开始于 20 世纪 50 年代，至今已形成了几种比较成熟的抗热震性评价理论。特别是相对于两种破坏形式，陶瓷材料热环境中破坏的机理也存在两种基本的观点：一种是基于热弹性理论的热应力断裂理论；另一种是基于断裂力学概念的热震损伤理论。

(一)热应力断裂理论

热应力断裂理论以热弹性理论的热震裂纹成核概念为基础，由热震温差引起的热应力 σ_H 与材料的固有强度 σ_f 之间的平衡作为热冲击断裂破坏的依据[1]：

$$\sigma_H = \sigma_f \tag{5-1}$$

用决定裂纹成核的临界热震温差 ΔT 来判断材料抑制裂纹成核的能力，从而导出用以描述该能力的抗热震断裂参数 R：

$$R = \sigma_{\rm f}(1-\mu)/(\alpha E) \tag{5-2}$$

$$R' = \sigma_{\rm f}(1-\mu)\lambda/(\alpha E) = R\lambda \tag{5-3}$$

$$R'' = \frac{\lambda}{\rho C}\frac{\sigma_{\rm f}(1-\mu)}{E\alpha} \tag{5-4}$$

式(5-2)一般适用于急冷情况；式(5-3)适用于一般冷却速率的情况；式(5-4)适用于恒速冷却的情况，其中，R、R'、R''为抗热震断裂参数；λ为热导率；C为定压热容；α为热膨胀系数；μ为泊松比；E为弹性模量。

（二）热震损伤理论

热震损伤理论以断裂力学中的能量平衡理论为基础，把热弹性应变能W和材料的断裂能U之间的能量平衡作为判定热震损伤的基准：

$$W = U \tag{5-5}$$

断裂能U用于表征裂纹成核所需的能量，残余应变能决定着裂纹核的进一步动态，进而导出用来表征裂纹动态扩展行为的抗热震损伤参数R'''为

$$R''' \approx (K_{\rm IC}/\sigma_{\rm f})^2 \tag{5-6}$$

和用来描述裂纹准静态扩展趋势的裂纹稳定系数$R_{\rm st}$为

$$R_{\rm st} \approx (\gamma_{\rm f}/(\alpha^2 E))^{1/2} \tag{5-7}$$

通过比较发现，热应力断裂理论和热震损伤理论是相互矛盾的。这是因为二者所引用的理论基础与判据有所不同：热应力断裂理论关注的是裂纹成核，热震损伤理论的侧重点是裂纹的扩展。而在实际的热震破坏的过程中材料要历经裂纹成核、微裂纹的形成、扩展，以及最终断裂的所有阶段。在破坏的开始阶段，裂纹形成占主要方面，而在之后的阶段，裂纹扩展占主要方面；有些材料一旦裂纹形成就立即断裂，有些材料则需要在裂纹形成后扩展一段时间才能断裂，从而显示了不同的热震破坏机制[2]。

为弥补热应力断裂理论只侧重裂纹成核和热震损伤理论只重视裂纹扩展的问题，建立了以断裂力学为基础的断裂发生和裂纹扩展的统一理论[3]，并指出弹性应变能是裂纹扩展的原动力，裂纹的扩展实际上就是弹性应变能逐渐转化为裂纹表面能的过程，当应变能全部转化为断裂能时裂纹扩展也就终止了。

二、热震实验

蓄热体正常工作时冷热气流周期性、频繁地交替流过，巨大的温差热应力会给材料带来损伤。热震实验就是通过加热-冷却法来模拟温差热应力给材料造成的损伤

来研究蓄热材料的热震断裂性能。热震实验中，根据热冲击次数(热震循环次数)将热震实验分为单次热冲击实验和多次循环热冲击实验，多次循环热冲击实验也称作热疲劳实验。

实验所用莫来石陶瓷试样如图 5.1 所示，蓄热体正常工作的温度不会超过1000℃，因此将热震温差选在 0~1000℃。按照设计配方称料混合后在 30t 液压机上压制成型(10mm×20mm×100mm)，成型后的试样置于电炉中烧制，烧制温度为1300℃。

图 5.1　实验用莫来石陶瓷试样

热震实验的基本过程包括以下 3 个步骤。

(1)将马弗炉加热到预设温度。

(2)将试样轻轻放入马弗炉中，使之均匀受热并保温 20min。

(3)轻轻取出试样并迅速放入冷却介质中进行降温，待试样冷却到室温即完成一次热震实验。

热疲劳实验中若需要进行多次热震实验，循环上述步骤即可。

第二节　莫来石陶瓷材料的热震断裂性能

一、莫来石陶瓷材料的热冲击性能

单次热冲击实验主要研究冷却介质、热震温差对弯曲强度的影响以及热震温差、预制裂纹时间对断裂韧性的影响。鉴于莫来石蓄热材料主要应用于气体环境中，除了讨论冷却介质对弯曲强度的影响，其他的实验研究都只限于空冷条件下。

（一）冷却介质及热震温差对剩余弯曲强度的影响

为了研究冷却介质对莫来石陶瓷材料热震断裂特性的影响，分别以室温水、沸水和空气为冷却介质对试样进行不同温差下的单次热冲击实验。

剩余弯曲强度按式(5-8)计算：

$$\sigma_{\mathrm{f}} = \frac{3PL}{2Bh^2} \tag{5-8}$$

式中，σ_{f} 为剩余弯曲强度；P 为试样断裂时的最大载荷；L 为跨距；B 为试样中部的宽度；h 为试样中部的高度。

热震试样在不同的冷却介质中冷却后剩余弯曲强度随热震温差的变化规律如图 5.2 所示。随着热震温差的不断增加，空冷条件下材料的剩余弯曲强度随温差的升高波动比较小，与室温相比基本不变；而在室温水淬和沸水淬条件下材料的剩余弯曲强度随温差的升高变化幅度较大，随温差的增加整体呈下降趋势，并都在 100～200℃ 急剧下降，其中室温水淬的剩余弯曲强度整体高于沸水淬的剩余弯曲强度。

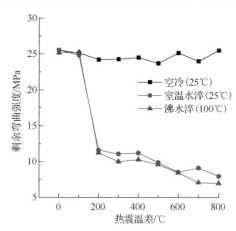

图 5.2　不同冷却介质下剩余弯曲强度随热震温差的变化曲线

在同样的实验条件下，以沸水为冷却介质的莫来石试样表面温度下降得快，产生的热应力最大，对材料产生的破坏最大；气体的对流换热系数小于液体的对流换热系数，所以空冷对莫来石试样的损坏影响最小。对比室温水淬与沸水淬条件下材料的强度变化规律可以发现，二者的剩余弯曲强度随温差的变化规律大致相同，大致可以分为以下三个阶段。

(1)热震温差为 100℃ 以内，由热冲击引起的温差热应力低于材料的许用强度，对材料的损伤破坏比较小，材料经受热冲击后的剩余弯曲强度基本保持不变。

(2)热震温差为 100～200℃，由热冲击引起的温差热应力超过了材料的许用强度，使材料产生裂纹，成为材料强度急剧下降的主要原因，由热震损伤理论可知，此温差范围内裂纹的扩展以动态扩展为主。

(3)热震温差为 200～800℃，材料的剩余弯曲强度随热震温差的增加缓慢下降，属于裂纹的准静态扩展。

(二)热震温差对断裂韧性的影响

断裂韧性作为材料的固有性质，用以表征材料阻碍裂纹扩展的能力。它是除断裂强度以外判断材料力学性能最重要最常用的参数。本部分采用单边切口梁法[4]对材料的断裂韧性进行测定，其示意图如图 5.3 所示。

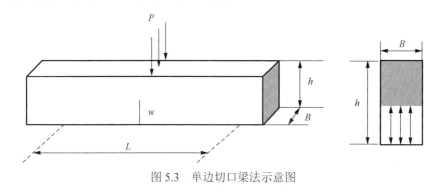

图 5.3　单边切口梁法示意图

断裂韧性由式(5-9)计算：

$$K_{IG} = Y \frac{3PL}{2Bh^2} \sqrt{w} \tag{5-9}$$

式中，P 为试样断裂时的最大载荷；L 为试样跨距；B 为试样宽度；h 为试样高度；w 为裂纹深度；Y 为试样形状因子。

在研究热震温差对断裂韧性的影响时，分别选取深度为 5mm、8mm 的裂纹作对比，对试样进行不同温差下的热震后再根据单边切口梁法测试热震后的断裂韧性。莫来石陶瓷的断裂韧性随热震温差的变化规律如图 5.4 所示。两种裂纹深度的莫来石陶瓷试样的断裂韧性随热震温差的升高变化趋势大致相同，但裂纹为 8mm 深时材料的断裂韧性相比 5mm 深时的断裂韧性更高。在热震温差为 0～800℃时，二者的断裂韧性都在热震温差 400℃时达到极大值，热震温差 600℃时达到极小值。通过对比可以发现，空冷条件下材料的剩余弯曲强度和断裂韧性在热震温差 400℃和 600℃时呈相反的规律：热震温差 400℃时，材料的剩余弯曲强度较低，断裂韧性较高；热震温差 600℃时，材料的剩余弯曲强度高，断裂韧性低。

(三)裂纹对断裂韧性的影响

取裂纹深度为 5mm 的试样为研究对象,不改变其他实验条件,通过改变裂纹预制与热震的顺序进行对比试验:一组试样在热震前将裂纹预制好,再经受热震;另一组试样进行热震实验后再加工相同深度的裂纹。裂纹在不同预制状态下试样的断裂韧性随热震温差的变化曲线如图 5.5 所示。无论是热震前预制裂纹的断裂韧性还是热震后制备裂纹测得的断裂韧性随热震温差的变化趋势是一致的,二者都在热震温差 400℃时达到极大值,600℃时达到极小值。热震前预制裂纹测得的断裂韧性整体高于热震后制备裂纹所得的断裂韧性。

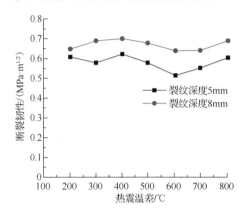

图 5.4　莫来石陶瓷断裂韧性随热震
温差的变化规律

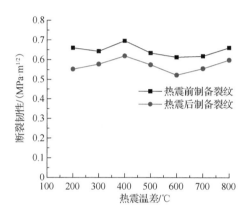

图 5.5　预制与非预制裂纹试样的
断裂韧性随热震温差的变化规律

二、莫来石陶瓷材料的热疲劳性能

通过固定冷却温差,测出剩余弯曲强度与热震循环次数的关系,以此来表征材料的热疲劳性能。不同热震温差下材料的剩余弯曲强度随热震循环次数的变化曲线如图 5.6 所示。随着热震循环次数的增加,材料的剩余弯曲强度是逐渐下降的,但不同热震温差下剩余弯曲强度随热震循环次数的衰减规律不同:热震温差为 200~300℃时材料的剩余弯曲强度随热震循环次数的增加衰减得比较缓慢;热震温差为 400~500℃时,随热震循环次数的增加,材料的剩余弯曲强度衰减率逐渐增大;热震温差为 600~800℃时,剩余弯曲强度的衰减规律与低温时明显不同,随着热震循环次数的增加,剩余弯曲强度先下降,达到一定值后,在一定范围内保持不变,然后继续衰减。

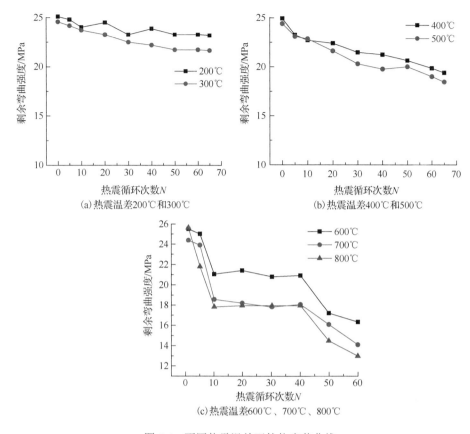

(a) 热震温差200℃和300℃

(b) 热震温差400℃和500℃

(c) 热震温差600℃、700℃、800℃

图 5.6　不同热震温差下的热疲劳曲线

第三节　陶瓷蓄热材料的热震力学性能

一、超声脉冲回波法

陶瓷蓄热体在蓄热室内不间断地进行周期性蓄热与放热，热应力会使力学性能发生变化。利用传统的方法测定陶瓷等脆性材料的弹性指标存在很多缺点。超声脉冲回波法是用回波幅度及时间来判断反射体的存在和位置的检测方法，利用此法测量陶瓷材料的弹性指标，避免了传统测量脆性材料弹性模量上的诸多不便。

本节所使用的超声脉冲回波法测量莫来石陶瓷蓄热试件波速的工作原理如图 5.7所示：首先脉冲发生器发射一个脉冲波信号(经由电路 1)，同时给数值存储示波器一个发射信号(经由电路 6)。发射的脉冲波信号经发射电路 2 传至探头(超声波换能器)，此时若为横波探头则会发射超声横波，若为纵波探头则会发射超声纵波，产生的横波或纵波经耦合剂传递到试件中，并在试件进行多次反射。回波每次反射到达探头处时，经耦合剂会被传入探头。被接收的底面回波信号会被接收电路（电路 2 和 3）传至前置放大器，最终经由电路 4 和 5 将反射脉冲底波传到数值存储示波器上。此时，数值存储示波器上会呈现出当次发射脉冲波及其多次底面回波。计算两次底波之间的时间差，即可得到超声横波或纵波在试件中的传播时间。简言之就是脉冲发生器发射的一个脉冲信号，在探头处由电能转换为高频机械能，经耦合剂传播到试件中进行传播、反射、折射、衰减至消亡的过程。

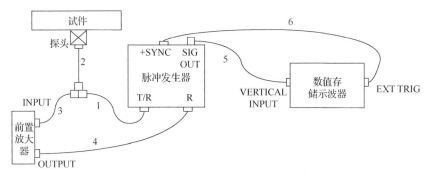

图 5.7　仪器工作原理图

二、陶瓷试件的波速和密度

（一）超声波速和密度的测量方法

1. 声速测量

实验测量所使用的探头是 5MHz 法线入射横波探头和 10MHz 纵波直探头。在测量过程中，两种脉冲波均借助特定的耦合介质才能进入结构中。使用超声脉冲回波法测量声速对试件的要求较为严格，耦合剂不能融进被测试件中，被测件表面光滑且相对平行，这样才能保证试件探头所在一侧能接收试件底面反射的多次回波。

计算结构中脉冲波的传播速度 c，需要测量平行表面试件的厚度 h 及声波在试件传播的时间 t，由式（5-10）即可计算得出：

$$c = \frac{2h}{t} \tag{5-10}$$

式中，$2h$ 为脉冲波传播距离；t 为波在该距离上的传播时间。

采用超声脉冲回波法测量试件中声波的传播时间可用来提高实验的精确性。超声脉冲经耦合剂进入试件进行传播，随着传播次数的增加，脉冲波是逐渐衰减的，且两波之间的时间间隔不变。利用超声脉冲回波法测量试件中脉冲波的传播时间，即利用底面界面的多次回波，找到相邻两次回波的波峰或波谷等特点值进行相减而得到时间。

2. 密度测量

实验所用试件采用干压高温烧结法制得，其形状是规则的长方体。热震前后的试件密度计算是使用电子天平称得的试件质量除以试件的体积。在密度计算过程中，体积则使用游标卡尺对多个点进行多次测量求其平均值，以减小误差。

(二)热疲劳下波速和密度变化规律

1. 热疲劳下的横波变化规律

不同热震温差下的超声横波波速随热震循环次数的变化规律如图 5.8 所示。三种热震温差下的横波波速下降变化曲线基本一致，热震温差越大，对横波波速的影响越大。热震温差为 400℃时，超声横波波速呈现先下降后升高的波动趋势。热震温差为 600℃和 800℃时，热震温差对横波波速的影响相比 400℃时的大，而且随着热震循环次数增加呈阶梯状降低趋势。当热震循环达到 60 次、热震温差为 800℃时，蓄热体内的横波波速降至 2460m/s。

2. 热疲劳下的纵波变化规律

三种热震温差下的超声纵波波速随热震循环次数的变化规律如图 5.9 所示。超声纵波波速随着热震循环次数的增加呈逐步降低趋势。当热震温差为 400℃时，热震对纵波影响不大；当热震温差为 600℃时，热震对试件中纵波波速影响较小；当热震温差为 800℃时，热震对纵波波速的影响最大。纵波在试件中传播，陶瓷蓄热材料试件因热震而产生的裂纹和裂纹扩展等因素，在不同程度上影响了超声纵波波速。热震温差小的试件中超声波速要高于热震温差大的试件超声波速，即热震温差越大，其对纵波波速影响越大。

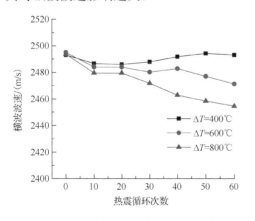

图 5.8　三种热震温差下的超声横波
波速随热震循环次数的变化曲线

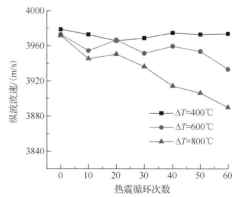

图 5.9　三种热震温差下的超声纵波
波速随热震循环次数的变化曲线

3. 热疲劳下的密度实验结果

不同热震温差下，密度随热震循环次数的变化情况如图 5.10 所示。不同热震温差下的密度变化总体上随热震循环次数的增加而降低，随着热震温差增大，密度降低的幅度变大。密度降低的原因主要有三方面：一是莫来石质陶瓷试件在制作过程中本存在少量水分，热震实验中的高温使得试件中的水分蒸发；二是试件在用坩埚钳夹取过程中会对试件的质量造成一定的损失，导致密度降低；三是试件在高温环境下，某些添加剂或试件的原材料发生氧化，使得试件的质量降低。

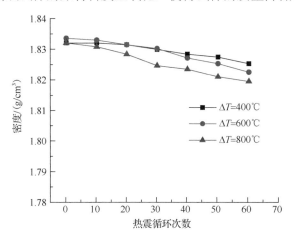

图 5.10　密度随热震循环次数的变化

三、陶瓷蓄热材料的物理力学刚度特性

（一）蓄热材料的力学刚度特性参数的计算

材料的力学刚度特性参数与超声纵波和横波波速以及材料密度之间的关系式[5]为

$$E = \rho c_T^2 \left[3 - \frac{1}{\left(c_L / c_T \right)^2 - 1} \right] \tag{5-11}$$

$$\mu = \frac{1}{2} \frac{c_L^2 - 2c_T^2}{c_L^2 - c_T^2} \tag{5-12}$$

$$G = \rho c_T^2 \tag{5-13}$$

式中，E 为弹性模量；μ 为泊松比；G 为剪切模量；c_T 为横波波速；c_L 为纵波波速；ρ 为试件的密度。

（二）热震实验中的弹性模量变化规律

1. 单次热冲击下的弹性模量变化规律

在空冷条件下，单次热冲击下的陶瓷蓄热材料的弹性模量 E 与热震温差的关系如图 5.11 所示。热震温差在 400℃ 以下时，其值基本不变；当热震温差高于 600℃ 时，弹性模量的值降低明显。随着热震温差的逐渐增大，弹性模量的值是逐渐下降的，热震温差越大引起弹性模量的变化也越大，弹性模量降低使得材料抵抗变形的能力下降。

2. 热疲劳下的弹性模量变化规律

弹性模量 E 随热震循环次数的变化如图 5.12 所示。随热震循环次数的增加，弹性模量的值呈阶梯状逐渐降低。图中设定的热震温差为最小值时的弹性模量变化不大，而热震温差为 600℃ 和 800℃ 的弹性模量有明显降低。比较图 5.8、图 5.9 和图 5.12 发现，超声纵波、横波波速的变化规律和弹性模量的变化规律曲线基本一致，因此可通过观察陶瓷蓄热材料的纵波和横波波速的变化规律间接地判断陶瓷弹性模量的变化情况。弹性模量的下降说明试件在热震过程中材料抵抗变形的能力减小，热震对试件的弹性模量的损伤逐渐加大。

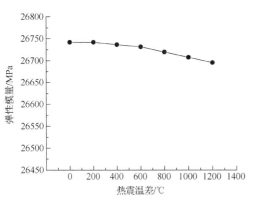

图 5.11　弹性模量随热震温差的变化规律　　图 5.12　弹性模量随热震循环次数的变化规律

（三）热疲劳下的剪切模量变化规律

剪切模量 G 随热震循环次数的变化规律如图 5.13 所示。热震温差设置为 400℃ 的剪切模量值呈波动变化，热震温差设置为 600℃ 和 800℃ 的剪切模量随热震循环次数的增加有下降的趋势。剪切模量依据热震后的试件密度和热震后试件的横波波速计算得出，因此剪切模量的变化规律同超声横波波速的变化规律基本一致。

(四)热疲劳下的泊松比变化规律

热疲劳下泊松比的变化规律如图 5.14 所示，泊松比随着热震循环次数的增加变化不明显，其值呈波动变化。热震温差越大，泊松比波动越大，热震温差为 400℃和 600℃时泊松比变化率相比热震温差为 800℃要小。当热震温差为 800℃、热震循环为 60 次时，泊松比的值比初始状态降低了 1.17%。

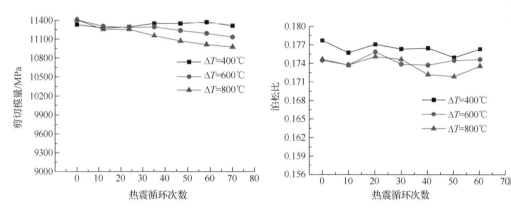

图 5.13　剪切模量随热震循环次数的变化规律　　图 5.14　泊松比随热震循环次数的变化规律

第四节　莫来石陶瓷材料的断裂能

断裂能是用以描述裂纹扩展过程中能量消耗的一项重要指标，它是材料在裂纹形成过程中，由于裂纹的扩展形成新的断裂面在单位面积上所需要的能量。断裂功法是一种间接测试断裂能的有效方法，是目前计算断裂能最常用、最广泛的方法之一。

一、断裂功法

测定断裂能最常用的实验方法有三点弯曲法、楔形劈拉法、直接拉伸法。目前大多采用三点弯曲法测定断裂能 G_F，此方法简便易行，能够比较容易地获得稳定的弯曲实验曲线，因此本实验采用三点弯曲法来测定断裂能。

根据断裂能的定义可知，断裂能可以表示为

$$G_F = \frac{W}{2A} = \frac{\int_0^\infty P(\delta)\mathrm{d}\delta}{2A} \tag{5-14}$$

式中，W 为外载荷所做的功；A 为断裂韧带面积。

断裂实验中，加载速率对载荷-位移曲线的形状有决定性的影响。理想情况下，测断裂能时得到稳定、半稳定、不稳定等 3 种载荷-位移曲线，如图 5.15 所示。测试断裂能时必须保证获得稳定的载荷-位移曲线，其关键在于选取合适的加载速率。

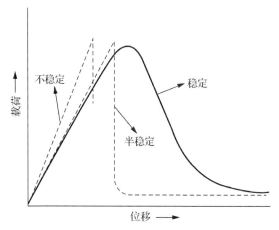

图 5.15　三种载荷-位移曲线图

二、热震实验载荷与位移变化关系

热震实验的方法与本章第一节相同，热震实验方案具体如表 5.1 所示。

表 5.1　热震实验方案

裂纹深度/mm	裂纹宽度/mm	温差/℃	冷却介质
5		100，200，…，800	
8	<0.25	100，200，…，800	室温空气
2，3，4，5，6，7，8		500	

万能试验机在不同加载速率下获得三种形状的载荷-位移曲线，分别如图 5.16 所示。由于试验机的刚性不足以及莫来石陶瓷材料的脆性特征，以理想情况下稳定的载荷-位移曲线为判据，图 5.16(a)～(c) 分别为不稳定载荷-位移曲线、半稳定载荷-位移曲线和稳定载荷-位移曲线。

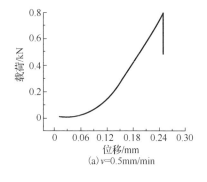

(a) $v=0.5$mm/min

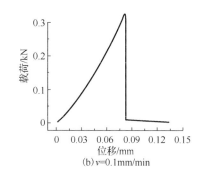

(b) $v=0.1$mm/min

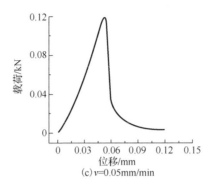

(c) v=0.05mm/min

图 5.16　不同加载速率下的载荷-位移曲线

图 5.17 列举了实验中部分不同裂纹深度在 0.05mm/min 的加载速率下获得的稳定载荷-位移曲线。对比理想情况下的曲线可以看出，实验获得的载荷-位移曲线变化比较平滑，符合稳定载荷-位移曲线的特征，所以可以用其来计算断裂能。

三、断裂能与影响因素的变化规律

(一)断裂能与裂纹深度之间的关系

断裂能随裂纹深度的变化曲线如图 5.18 所示，裂纹深度越大，断裂能的测量值越小，尺寸效应越明显。利用最小二乘法对曲线进行拟合，发现断裂能与裂纹深度之间满足式(5-15)的关系，经计算，拟合曲线与原始曲线的线性相关系数为 98.813%，相关性极高，可认为断裂能随裂纹长度的增加呈线性递减规律。

$$G_F = 32.1169 - 2.3798w \tag{5-15}$$

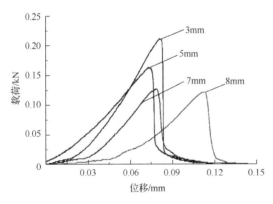

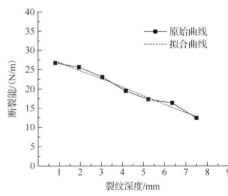

图 5.17　实验获得的不同裂纹深度下的稳定　　　图 5.18　断裂能随裂纹深度的变化曲线
载荷-位移曲线

（二）断裂能与断裂韧性之间的关系

断裂韧性和断裂能随热震温差的变化曲线分别如图 5.19 和图 5.20 所示。断裂韧性与断裂能随热震温差变化的整体趋势是一致的，二者都是在 400℃热震温差时比较高，600℃时较低。400℃时莫来石陶瓷经历高温后出现较多的微裂纹，裂纹的增多使陶瓷的韧性提高。裂纹在扩展过程中需要吸收能量，断裂能值偏高。热震温差在 600℃时，低熔物熔化，填充了微裂纹，微裂纹减少，断裂韧性和断裂能也随之减小。裂纹深度为 5mm 的试件的断裂韧性和断裂能都比裂纹深度为 8mm 的试件受温度的影响变化更显著一些。因此，裂纹越深，断裂韧性越大，断裂能越小。

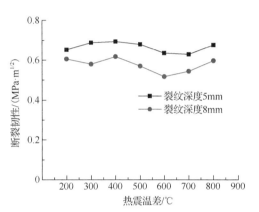

图 5.19 断裂韧性随热震温差的变化规律　　图 5.20 断裂能随热震温差的变化规律

（三）断裂能与能量释放率之间的关系

由线弹性断裂力学理论可知，断裂韧性 K_{IC} 与其相应的临界能量释放率（简称能量释放率）G_c 存在下列关系：

$$G_c = \frac{K_{IC}^2}{E / (1 - \mu^2)} \qquad (5-16)$$

式中，E 为弹性模量；μ 为泊松比。由于 800℃内弹性模量、泊松比随热震温差的变化很小，可认为 E、μ 不变。

断裂能与能量释放率随热震温差的变化规律如图 5.21 所示。能量释放率随热震温差的变化趋势与断裂能随热震温差的变化趋势大致相同；按线弹性断裂力学理论计算得到的能量释放率 G_c 略小于断裂能 G_F。能量释放率只是裂纹扩展弹性变形阶段吸收的能量，并没有包含裂纹损伤破坏阶段吸收的能量。因而断裂能 G_F 比能量释放率 G_c 更能真实地反映裂纹扩展过程的特性。

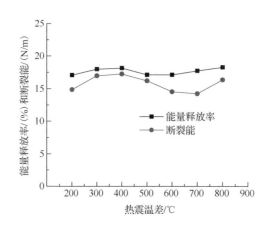

图 5.21　断裂能与能量释放率随热震温差的变化曲线

第五节　蜂窝陶瓷蓄热体的断裂失效分析

一、热应力影响因素

（一）蓄热体应力分布

选取表 5.2 中蓄热体 2 来分析一个换向周期内不同时间蓄热体应力沿长度方向的分布情况。放热期不同时间下蓄热体温度分布曲线如图 5.22 所示。坐标 0mm 处为空气出口，100mm 处为空气入口，不同时间下蓄热体温度沿长度方向逐渐降低，时间越短，温度梯度越大。蓄热体内部的温度梯度是热应力产生的主要原因，蓄热体的应力分布曲线如图 5.23 所示，呈两端大、中间小的分布趋势，一个换向周期内不同时间下的应力分布也是不同的，30s 时的应力较 60s 时的应力大。

表 5.2　蜂窝陶瓷的结构参数

编号	孔型	材质	壁厚/mm	边长/mm	当量直径/mm	孔隙率/%	孔密度/(个/cm²)
1	四方孔	莫来石	0.7	3.0	3.0	64	7.11
2	四方孔	莫来石	1.0	3.1	3.1	57	5.76
3	四方孔	莫来石	1.0	2.5	2.5	51	7.84
4	六方孔	莫来石	1.2	2.17	3.75	57	4.67
5	六方孔	莫来石	1.0	2.31	4.0	64	4.67
6	六方孔	莫来石	2.0	2.89	5.0	51	2.33
7	圆孔	莫来石	1.0	4.0	4.0	64	5.09
8	圆孔	莫来石	1.3	4.0	4.0	57	4.54
9	圆孔	莫来石	1.8	4.5	4.5	51	3.21

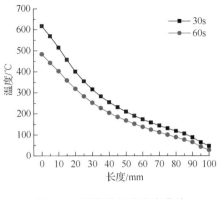

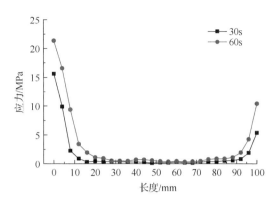

图 5.22　蓄热体温度分布曲线　　　　　图 5.23　蓄热体应力分布曲线

（二）结构参数对蓄热体应力的影响

1.孔型对蓄热体应力的影响

选用表 5.2 中蓄热体 2、蓄热体 4 和蓄热体 8 等三种蓄热体孔型进行热应力计算。放热期 3 种孔型蓄热体温度随时间的变化情况如图 5.24 所示。放热期，六方孔蓄热体温度变化率略高于四方孔蓄热体，圆孔蓄热体的温度变化率最低。三种孔型蓄热体的温度都随时间的延长而降低，温差也逐渐减小。其中六方孔蓄热体与四方孔蓄热体的温差较小（大约在 40℃），与圆孔蓄热体的温差最大（达到了 150℃左右）。在相同的孔隙率和入口流量的情况下，四方孔和六方孔蓄热体的单位面积的导热系数几乎是相等的，导致两者在放热期蓄热体的温度相差很小，明显高于圆孔蓄热体的温度。

放热期末三种孔型蓄热体的应力分布如图 5.25 所示。不同孔型下，蓄热体应力沿长度方向的分布趋势是相似的，蓄热体前端应力最大，沿蓄热体长度方向逐渐降低，在烟气出口端又明显上升。比较三种孔型的应力分布可知，在蓄热体的两端，六方孔蓄热体所受应力最大，其次是四方孔蓄热体，圆孔蓄热体应力最低。在 20～80mm，三种孔型蓄热体的应力相差不大。从传热性能和抗热震性两方面考虑，在保证其热震稳定性的情况下采用四方孔蓄热体比较合适，且安装方便。考虑到直角易引起应力集中，在文献[6]中提出了一种圆角方孔型结构设计。

2. 孔隙率对蓄热体应力的影响

选用两组蓄热体进行数值模拟，第一组蓄热体为四方孔，选用表 5.2 中蓄热体 1、蓄热体 2 和蓄热体 3；第二组蓄热体为圆孔，选用蓄热体 7、蓄热体 8、蓄热体 9。两种孔型不同孔隙率下蓄热体温度随时间的变化情况如图 5.26 和图 5.27 所示。不同孔型下蓄热体温度都随着孔隙率的增大而增大。孔隙率越大，通道内气体的流通性越强，增强了气体与蓄热体之间的换热，蓄热体的温度变化就越快。

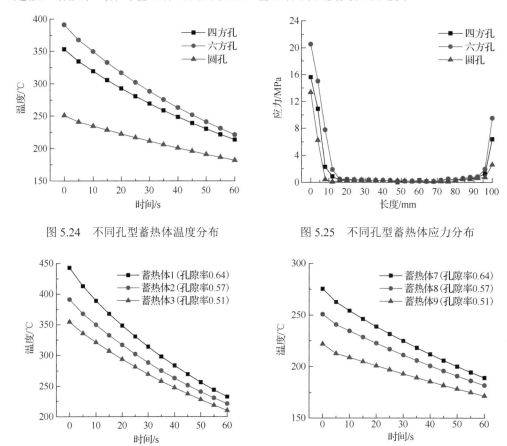

图 5.24　不同孔型蓄热体温度分布　　　　　　图 5.25　不同孔型蓄热体应力分布

图 5.26　四方孔蓄热体温度分布　　　　　　图 5.27　圆孔蓄热体温度分布

两组蓄热体的应力分布如图 5.28 和图 5.29 所示。不同孔型下，应力分布随孔隙率的变化趋势是相似的，都随着孔隙率的增大而增大。孔隙率越大，温度变化越快，对蓄热体产生的热冲击也越大。在烟气入口端，两种孔型下不同孔隙率蓄热体的应力相差很大。在 20mm 之后应力急剧减小，应力差值逐渐降低，靠近出口端处蓄热体的应力又突然增大。因此，在设计蓄热体时，增大孔隙率有利于提高其传热性能，但也要综合考虑抗热冲击能力。

3. 壁厚对蓄热体应力的影响

选用表 5.2 中蓄热体 2 分析其应力分布情况。不同壁厚下蓄热体温度随时间的变化情况如图 5.30 所示。随着蓄热体壁厚的增加，孔隙率也会发生改变，进而影响到蓄热体的传热性能。不同壁厚下应力沿蓄热体长度方向的分布曲线如图 5.31 所示。随着壁厚的增大，蓄热体的应力逐渐降低。固定孔型下，当蓄热体壁厚为 0.1～0.5mm 时，各种蓄热体单位阻力损失传热系数上升到顶峰，当壁厚大于 1mm 时，蓄热体的单位阻力损失传热系数开始下降[7]。因此，在壁厚为 0.5～1mm 时，蓄热体的传热与阻力特性趋于一个最优值。

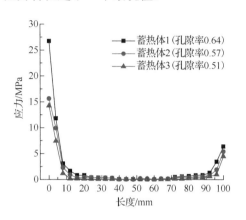

图 5.28　四方孔蓄热体应力分布

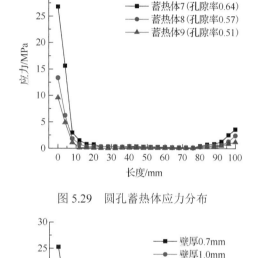

图 5.29　圆孔蓄热体应力分布

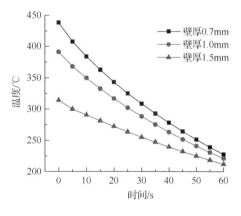

图 5.30　不同壁厚蓄热体温度分布

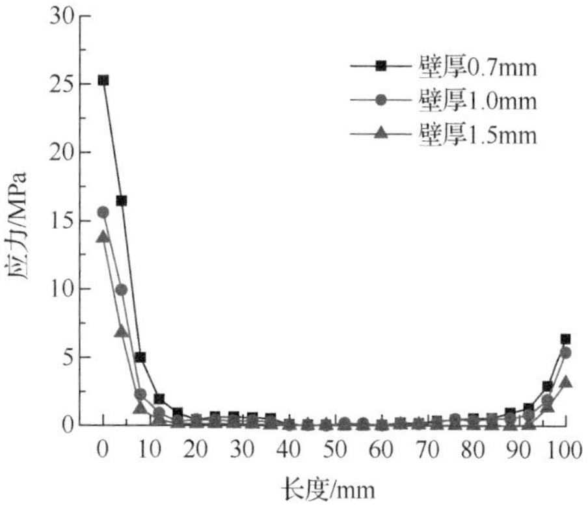

图 5.31　不同壁厚蓄热体应力分布

(三) 操作参数对蓄热体应力的影响

1. 气体入口流速对蓄热体应力的影响

选取表 5.2 中蓄热体 2 研究流速对蓄热体应力的影响规律。入口条件按照工况 1(0.6m/s)、工况 2(0.9m/s)、工况 3(1.2m/s)进行设置。放热期蓄热体入口流速对温度的影响如图 5.32 所示，气体入口流速越大，放热期蓄热体的温度变化越大。气体入口流速的增加必然会引起气体质量流量的增加，放热期低温空气从蓄热体内吸收热量，降低蓄热体的温度，较大的气体质量流量会引起蓄热室传热量的增大，从而使得蓄热体的温度变化较大。

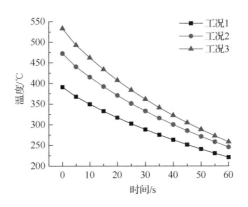

图 5.32　不同入口流速温度分布

不同入口流速下蓄热体的应力沿长度方向的分布情况如图 5.33 所示。蓄热体的应力随气体入口流速的增大而增大。气体入口流速对蓄热体热应力的影响主要反映在气体与蜂窝陶瓷蓄热体的热交换强度和温度场移动速度方面，流速越大，气体与蜂窝陶瓷蓄热体的热交换强度和温度场的移动速度也就越大，对蜂窝陶瓷产生的热冲击也就越强，从而导致较大的应力。

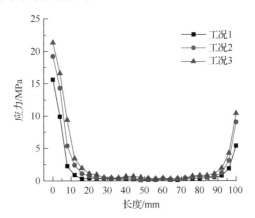

图 5.33　不同入口流速应力分布

2. 换向时间对蓄热体应力的影响

在保证入口流速和气体温差不变的情况下，选用表 5.2 中蓄热体 2，计算分析换向时间对蓄热体应力的影响规律，如图 5.34 所示。换向时间对蓄热体应力的影响不大，即使在蓄热体的两端，应力随换向时间的变化也不是很明显。换向时间对蜂窝陶瓷蓄热体的影响主要表现为蓄热体所受拉应力和压应力的交替作用的次数。换向时间变短，蓄热体所受压、拉应力交替作用的次数也会相应增加，设备换向阀高速运行，致使蓄热体的使用寿命降低，影响正常工作。

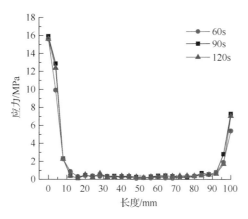

图 5.34　不同换向时间应力分布

二、断裂破损分析

(一)蜂窝陶瓷蓄热体温度场计算

1. 计算模型的确定

蓄热体工作时高温气体和常温气体会不断地交替流过蓄热体，实际情况中由于蓄热体很长，蓄热体内的气体温度不断变化，热传递过程非常复杂，为此进行以下假设。

(1)只研究极限情况下的应力，即 800℃热气和 30℃常温气体从同一入口交替流过蓄热体，并设定蓄热体的初始温度为 30℃，换向周期为 60s。

(2)由于模型具有几何对称性，只取其中一小块(3×3 格)作为分析对象，孔壁等尺寸按实际尺寸(1mm×3mm)取值。

(3)采用标准大气压下干空气代替烟气进行分析，并假定换热过程中气体在通道内的流动已处于充分发展阶段，换热强度保持不变。

2. 温度场分析

为分析蓄热体换热过程中温度梯度的变化与分布规律，蓄热体蓄放热平衡过程中不同随机节点处的温度梯度的时间历程曲线如图 5.35 所示，其中升温过程中所取的节点与降温过程中所取的节点并不相同。升温过程中不同节点的温度梯度随时间的变化趋势是相同的，各曲线变化率及曲线发生转折的时间点不同，但各节点的温度梯度最大值都出现在升温末期；降温过程中不同节点的温度梯度随时间的变化趋势也是相同的，不同的是各曲线的变化率及发生转折的时间点，但各节点的温度梯度最大值都出现在降温初期。

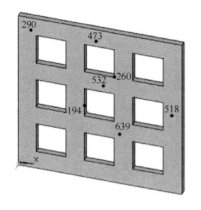

(a)升温过程中随机所取节点

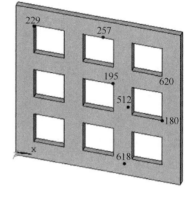

(b)降温过程中随机所取节点

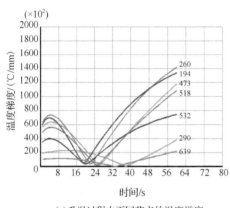

(c)升温过程中不同节点的温度梯度

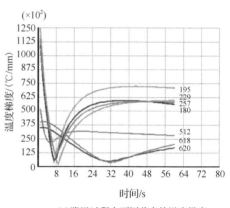

(d)降温过程中不同节点的温度梯度

图 5.35　不同节点处的温度梯度的时间历程图

图 5.36 给出了蓄热体在升温末和降温初时刻的温度梯度云图，可确定整个换热过程中蓄热体温度的最大点。4 个时刻处蓄热体上的温度梯度的分布规律大体相同，温度梯度比较高的位置出现在平行于 x 轴的孔壁上，其中平行于 x 轴的孔壁上位于孔壁中心两侧处的温度梯度和位于蓄热体上下边上的孔壁的温度梯度整体都较高。升温末期的温度梯度最大值高于降温末期的温度梯度最大值，其中温度梯度的最大值出现在升温末期编号为 279 的节点处，最大值为 168159℃/mm，如图 5.36(a)所示。

(二)蜂窝陶瓷蓄热体断裂破损分析

由于蓄热体结构具有对称性，蜂窝陶瓷蓄热体中的每个孔都由位置 1(孔壁)和位置 2(非孔壁)两种结构组成，并标定：温度梯度最大处的节点 279；蓄热体中温度梯度较大处的节点 205、206、208、139、145、146、543、544；位置 2 处的节点 635、629 以及由结构原因可能会出现应力集中的位置，如直角夹角处的节点 110、130、200，如图 5.37 所示。

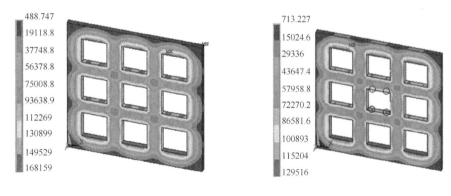

(a)升温末时刻　　　　　　　　　　　　　(b)降温初时刻

图 5.36　温度梯度云图(单位℃/mm)

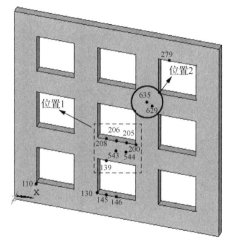

图 5.37　各节点位置标定示意图

1. 蓄热体不同部位的应力状态分析

蓄热体在实际蓄放热过程中的应力状态是非常复杂的，不同部位的应力状态也不一样，发生的破坏形式也不一样，因此在判断蓄热体的失效部位之前先对蓄热体不同部位处的应力状态进行讨论。由于蓄热体的自身结构具有对称性，主要比较蓄热体结构的最基本的两个位置：位置 1(孔壁)和位置 2(非孔壁)。

升温末、降温末蓄热体的主应力云图如图 5.38 所示，位置 2 无论在升温末期还是降温末期三个主应力都为负，且数值相近，为三向等压状态。而位置 1 有拉有压，其中第一主应力为正值且较小，第二、三主应力为负值。为了进一步研究整个换热过程中位置 1 和位置 2 的应力状态，分别从蓄热体的位置 1 取节点 200、206、544，从位置 2 上取节点 635，研究它们在一个稳定周期内主应力随时间的变化。

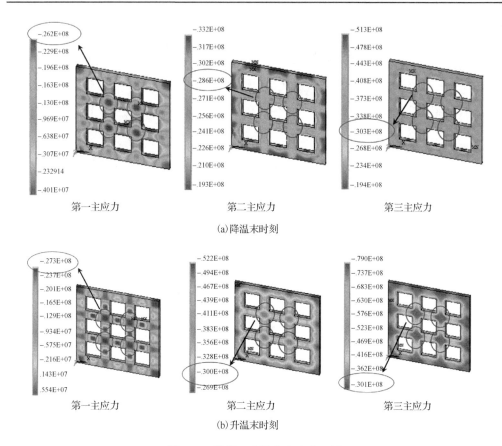

(a)降温末时刻

(b)升温末时刻

图 5.38　降温、升温末主应力云图

　　图 5.39 是所取各节点的三个主应力随时间的变化曲线图，在整个换热过程中，位于位置 2 的节点 635 的三向主应力都为负且数值相近，处于近三向等压状态。位于位置 1 的节点 200、206、544 的第一主应力在 0 值上下波动，第二、三主应力都为负且比较大。从图 5.38 和图 5.39 的分析可以得出，整体上位置 2 在换热过程中处于三向等压状态，位置 1 主要为双向受压状态。由于脆性材料双向受压发生断裂失效，三向等压发生屈服失效，双向受压比三向等压更易失效，因此位置 1 应比位置 2 更易破坏，蓄热体的失效破坏应先从孔壁处开始发生。

　　2. 蓄热体断裂失效点的确定

　　对于脆性材料，在材料的许用拉压应力不等的情况下，适宜采用莫尔强度理论。实验测得莫来石陶瓷材料的许用拉压应力不同：抗压强度约 100MPa，抗拉强度为 25MPa。为确定具体从哪一点失效，不仅要考虑温度梯度比较大的点，还要考虑可能发生应力集中的节点。虽然上一部分已判断出蓄热体的失效破坏应先从孔壁处开始，但是具体失效点以及裂纹扩展方向并不确定，为此利用莫尔强度理论对整个蓄热体中温度梯度最大处(节点 279)、孔壁处温度梯度比较大处(节点 139、145、146、206、205、543、544)以及可能会出现应力集中的直角点处(节点 130、200、110)进行分析。

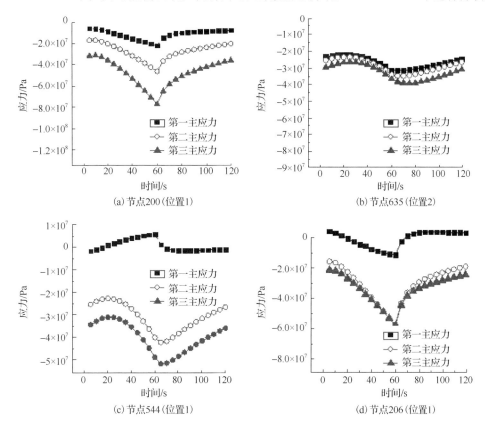

图 5.39　一个周期中不同位置节点的主应力变化

在升温降温过程中所取各节点的应力随时间的变化如图 5.40 所示。应力最大值并不在温度梯度最大处(节点 279)和直角点处(节点 110、130、200)，而是出现在温度梯度较大处(节点 205，中心孔上介于孔边中心与直角点之间)，莫尔相当应力最大可达 22.4MPa。根据结构的对称性可知，危险点应出现在如图 5.36(b)所标注的位置，所以中心孔处平行于 x 轴的孔壁比垂直于 x 轴的孔壁先断裂。

3. 危险点的断裂方式

脆性材料破坏形式主要有张拉断裂、剪断断裂、塑性破坏。材料所受应力状态不同，断裂形态也就不同。由于蓄热体在换热过程中处于复杂应力状态，引入应力三维度[8]的概念来研究蓄热体复杂应力状态下的破坏形式，应力三维度的表达式如下：

$$R_\sigma = \frac{\sqrt{2}(\sigma_1 + \sigma_2 + \sigma_3)}{3\sqrt{(\sigma_1 - \sigma_2)^2 + (\sigma_2 - \sigma_3)^2 + (\sigma_3 - \sigma_1)^2}} \tag{5-17}$$

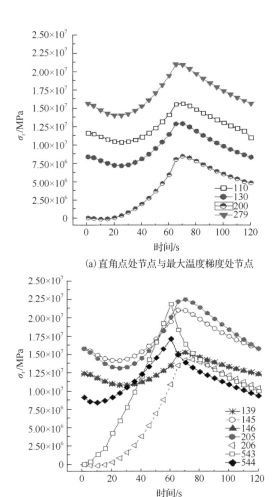

(a) 直角点处节点与最大温度梯度处节点

(b) 孔壁处梯度较大的节点

图 5.40　典型节点的莫尔相当应力随时间的变化图

通常，应力三维度的代数值可用来表征复杂应力场中三轴应力状态和对材料变形的约束程度。对于给定的材料，在一定范围内，代数值大，应力状态偏于受拉，材料容易被拉断；代数值小，应力状态偏于受压，材料容易被剪断。表 5.3 中给出了典型应力状态下应力三维度的代数值，其中三向不等拉和三向不等压的 3 个主应力是任意设定的。

表 5.3　典型应力状态下 R_σ 的变化规律

应力状态	主应力			R_σ	失效形式
	σ_1	σ_2	σ_3		
三向等拉	σ	σ	σ	$+\infty$	拉断
三向不等拉	σ	σ	0.5σ	1.67	
双向等拉	σ	σ	0	0.67	
单向拉伸	σ	0	0	0.33	
纯剪切	σ	0	$-\sigma$	0	纯剪断
单向压缩	0	0	$-\sigma$	−0.33	剪断
双向等压	0	$-\sigma$	$-\sigma$	−0.67	剪断
三向不等压	0.5σ	$-\sigma$	$-\sigma$	−1.67	通常塑性屈服
三向等压	$-\sigma$	$-\sigma$	$-\sigma$	$-\infty$	塑性屈服

由表 5.3 可知，随着应力状态逐渐由拉向压转变，应力三维度的代数值也逐渐由正向负转变，R_σ 为正值时，材料处于受拉状态，R_σ 为负值时，材料处于受压状态，且 R_σ 的值越大，材料受拉程度就越强，R_σ 的值越小，材料受压程度越强，材料的破坏形式也逐渐由拉断到剪断再到塑性屈服变化。蓄热体最大热应力出现在升温末期节点 205 处，根据式(5-17)计算危险点处的应力三维度为

$$R_{\sigma 205} = -0.507$$

对照表 5.3 可知，此时节点 205 的应力状态介于单向压缩与双向等压状态之间，材料受压为主，此处应该发生的是剪切断裂破坏。

第六节　莫来石陶瓷材料的热疲劳寿命预测

一、热疲劳寿命理论

Kamiya、Kamigaito 略去了温度对热疲劳寿命 N 的影响，认为热疲劳寿命只由温差决定，一般用式(5-18)表示[9,10]：

$$\frac{N_1}{N_2} = \left(\frac{\Delta T_1}{\Delta T_1} \right)^n \tag{5-18}$$

式中，N_1 为温差为 ΔT_1 时的热疲劳寿命；N_2 为温差为 ΔT_2 对应的热疲劳寿命；n 为与材料有关的参数。

式(5-18)已被 Hasselman 和 Amman 等所获得的关于玻璃及氮化硅烧结体数据所证实。经转化后可变为式(5-19)的形式：

$$N(\Delta T)^n = N'(\Delta T')^n = N''(\Delta T'')^n \tag{5-19}$$

式(5-19)说明了材料的热疲劳寿命与温差的指数的乘积为常数,通过降低热循环中的温差便可提高材料的寿命。式(5-18)和式(5-19)仅适合线膨胀特性与温度呈直线关系的材料,而不适用于处于相变温度之内的陶瓷材料。本部分研究的莫来石陶瓷都是在相变温度(1300℃)之下的,所以适用于该理论。

二、热疲劳寿命计算

根据陶瓷材料热疲劳寿命理论可知,低温温差下材料的热疲劳寿命是很难测得的,实验中温差为200℃下试件经过70多次热震循环后,剩余强度与原始强度仍相差不大。为计算不同温差下的热疲劳寿命,需要先通过实验测得几组较高温温差下的热疲劳寿命,用以预测材料中低温温差下的热疲劳寿命。实验时当材料出现明显的可见裂纹时,一掰试样即断,即认为材料失效。通过实验测得部分高温温差(相变温差以下)的热疲劳寿命如表5.4所示。其中每组温差下的试件各取25根。

表5.4 高温温差热疲劳寿命的实验数据

温差/℃	1200	1100	1000
寿命/次	6	10	18
失效根数	25	23	24

根据表5.4的实验数据求得莫来石陶瓷材料在实验条件下的热疲劳寿命方程:

$$N(\Delta T)^{-6} = N'(\Delta T')^{-6} = N''(\Delta T'')^{-6} \tag{5-20}$$

根据式(5-20)求得不同温差下的热疲劳寿命如表5.5所示,由于每隔100℃的温差材料的热疲劳寿命值之间的数量级差距特别大,线性直观图并不适合表示二者的关系。为了更好地研究温差与热疲劳寿命的变化关系,对热疲劳寿命 N 取对数,温差与 $\lg N$ 的关系如图5.41所示,随着温差的不断升高,$\lg N$ 呈类似指数函数的形式减小,对曲线进行高斯拟合发现 ΔT 与 $\lg N$ 满足如下关系式:

$$\lg N = a_1 e^{-((x-b_1)/c_1)^2} + a_2 e^{-((x-b_2)/c_2)^2} \tag{5-21}$$

式中,$a_1 = 1.096 \times 10^{11}$;$b_1 = -6493$;$c_1 = 1347$;$a_2 = 5.555$;$b_2 = -48.56$;$c_2 = 818.3$。

表5.5 部分温差下的热疲劳寿命

温差/℃	100	200	300	400	500	600	700	800
寿命/次	1.79×10^7	279936	24576	4374	1146	384	152	70
$\lg N$	7.25	5.45	4.39	3.64	3.05	2.58	2.18	1.8

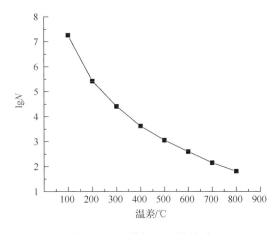

图 5.41 温差与 $\lg N$ 的关系

三、蜂窝陶瓷蓄热体的热疲劳寿命预测

(一) 强度衰减理论

疲劳寿命的一般含义为材料发生疲劳破坏时所经历的载荷循环次数，或者从加载开始到断裂发生时所经过的时间。疲劳破坏的过程由 3 部分组成：裂纹的形成、裂纹的扩展、瞬时断裂。由此可知材料的疲劳寿命主要由裂纹形成和裂纹扩展的寿命构成。大多数陶瓷的裂纹扩展实验难以进行，特别是热疲劳中的裂纹扩展，从技术操作性和数据可靠性上讲，用裂纹扩展模型来分析陶瓷的热疲劳寿命并不是一个行之有效的方法，但利用强度衰减理论来预测热疲劳寿命却是一个可行的方法。

结构陶瓷的热疲劳过程包括微观缺陷在热应力作用下不断发展和积累的过程，还包括高温蠕变或氧化引起的晶界相软化、空穴增加等行为的累积损伤过程。准确的损伤发展过程是很难确定的，而且影响因素众多。但无论损伤机理和损伤发展过程是什么(包括亚临界裂纹扩展)，宏观效应总是剩余强度逐渐衰减[11]。

在特定的载荷和环境条件下，已知材料的强度衰减规律，就可以预测构件的疲劳寿命。由于材料剩余强度随时间变化而递减，在经受一定次数的循环应力后，剩余强度减小到与外加载荷相等时材料将发生断裂，这个过程中所经历的时间便是工作构件的疲劳寿命。

根据不同的陶瓷材料在不同的热震条件下的剩余强度随热震循环次数的变化规律，把强度衰减曲线划分为如图 5.42 所示的类型[12]。

图 4.2 中，A 类曲线为剩余强度随热震循环次数基本不变；B 类曲线为剩余强度随热震循环次数呈线性下降；C 类曲线为剩余强度随热震循环次数呈减速下降，最终稳定在一定值；D 类曲线为剩余强度随热震循环次数呈减速下降；E 类曲线为剩余强度随热震循环次数呈加速下降。

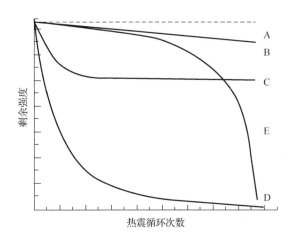

图 5.42　强度衰减曲线类型

以上曲线都能用式(5-22)统一表达：

$$\sigma_f^m(0) - \sigma_f^m(N) = m \times a \times N \tag{5-22}$$

式中，σ_f 为剩余强度；N 为热震循环次数；m、a 为与材料和热震条件有关的参数。

（二）蜂窝陶瓷蓄热体的热疲劳寿命计算

在极限状况下，蓄热体的蓄放热达到平衡状态时温差大约在 240℃，按莫尔强度理论计算的危险点相当应力最大值为 22.4MPa。预测在此种情况下蓄热体的热疲劳寿命，需得到相应温差下的热疲劳寿命曲线。为此，根据强度衰减方程，结合热疲劳实验的数据，建立热疲劳实验的热震损伤方程，由于并没有温差为 240℃时的热疲劳实验数据，所以通过计算温差为 200℃和 300℃的热疲劳寿命来估算温差为 240℃的热疲劳寿命范围。

温差为 200℃和 300℃下材料的热疲劳实验数据如表 5.6 所示，通过 lsqcurvefit 函数结合表 5.6 中的实验数据求得温差为 200℃和 300℃下的热震损伤方程分别为

$$\sigma_f^{8.1207}(0) - \sigma_f^{8.1207}(N) = 8.1207 \times 109760 \times N \tag{5-23}$$

$$\sigma_f^{7.3250}(0) - \sigma_f^{7.3250}(N) = 7.3250 \times 105630 \times N \tag{5-24}$$

表 5.6　温差为 200℃和 300℃的疲劳实验剩余强度数据　　　　　（MPa）

温差	热震循环次数						
	0 次	1 次	5 次	10 次	20 次	30 次	40 次
200℃	25.3614	24.95	24.68	24.334	23.92	23.53	23.03
300℃	25.3614	24.97	24.601	24.164	23.60	23.23	22.7

　　温差为 200℃和温差为 300℃损伤方程曲线分别如图 5.43 和图 5.44 所示，温差为 200℃和温差为 300℃的损伤曲线都属于 E 类曲线，剩余强度随热震循环次数呈加速下降。根据热震损伤方程求得的材料在温差为 200℃和温差为 300℃下完全失效的寿命分别为 287207 次、25224 次。根据陶瓷材料热疲劳寿命理论求得热疲劳寿命在温差为 200℃、300℃下分别为 279936 次、24576 次。比较发现两次求得的结果相差不大，说明热震损伤方程的合理性。

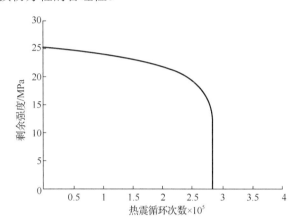

图 5.43　温差为 200℃时的损伤方程曲线

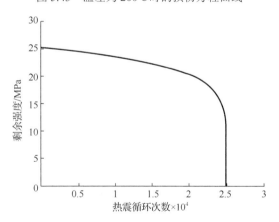

图 5.44　温差为 300℃时的损伤方程曲线

　　根据蓄热体工作时产生的最大应力 $\sigma_f(N) = 22.4\text{MPa}$，求得相应的热疲劳寿命分别为：$N(200℃) = 183711$ 次，$N(300℃) = 15178$ 次。

(三) 寿命预测结果的验证分析

　　假设蓄热体连续不停地工作，换向周期为 60s，每个循环需要 2min，则蓄热体能够正常工作的时间为：$month_{200℃} = 8.5$，$month_{300℃} = 0.702$。在极限情况下(800℃热气和30℃常温气体从同一入口流入蓄热体)，数值模拟计算得到的240℃温差的工作条件下，蓄热体寿命为0.702～8.5个月。根据各种工程实际应用统计，莫来石蜂窝陶瓷蓄热体的使用寿命一般在2～3个月，有的甚至可使用6～12个月，比如，轧钢加热炉上进行烟气余热回收利用的蜂窝式蓄热体在炉温较低的线材加热炉上使用寿命可达6个月，在中温加热炉上使用寿命不到3个月。因此预测结果是合理的。实际应用中会受各种条件的影响，蓄热体使用寿命还要考虑其他条件。

参 考 文 献

[1] 金格瑞, 鲍恩, 乌尔曼. 陶瓷导论. 清华大学无机非金属材料教研组, 译. 北京: 中国建筑工业出版社, 1982.

[2] 李中秋. $ZrO_2/LaPO_4$复相陶瓷的抗热震性能研究. 天津: 天津大学, 2009.

[3] LU T J, FLECK N A. The thermal shock resistance of solids. Acta Material, 1988, 46(13): 4755-4768.

[4] HANG W, PREM P, GIUSEPPE I, et al. Fracture toughness comparison of three test methods with four dental porcelains. Development of SENB toughness measurement for thermoset resins. Polymer Testing, 2007, 26: 445-450.

[5] 陈騑騢. 材料物理性能. 北京: 机械工业出版社, 2006.

[6] 欧阳德刚, 蒋杨虎, 罗巍, 等. 低应力蜂窝陶瓷蓄热体的研制. 工业炉, 2009, 31(5): 8-10.

[7] 高阳. 蜂窝陶瓷蓄热体传热与阻力特性的研究. 重庆: 重庆大学, 2008.

[8] 司马爱平. 应力三维度对材料断裂破坏的影响. 上海: 上海交通大学, 2009.

[9] 王诚训. 耐火材料的损毁及其抑制技术. 北京: 冶金工业出版社, 2009.

[10] 张发建, 薄占满. ZTM陶瓷热疲劳研究. 天津大学学报, 1992(S1): 8-12.

[11] 金宗哲, 包亦望, 岳雪梅. 结构陶瓷的高温疲劳强度衰减理论. 高技术通讯, 1994, 12: 31-36.

[12] 王杰曾, 金宗哲, 王华, 等. 耐火材料抗热震疲劳行为评价的研究. 硅酸盐学报, 2000, 28(1): 91-94.

第六章　氧化装置的加热起动性能

煤矿乏风瓦斯氧化装置在正常运行之前，需要用一定的能量将氧化床中心部位加热到 $900\sim1000\,^{\circ}\text{C}$[1, 2]，并形成一定的温度分布。该温度分布情况将直接影响氧化床是否能够正常运行。因此，加热起动系统是煤矿乏风瓦斯氧化装置的重要组成部分。

目前的热逆流氧化装置都采用电加热起动技术，加热元件为电热体合金电热丝，直接埋在氧化床中部高温区的蓄热陶瓷内。起动时通电加热，达到甲烷氧化反应温度后停止加热，靠甲烷氧化反应放出的热量进行自维持反应。电加热起动技术具有结构简单、控制容易等优点，但存在以下缺点。

(1) 在电加热器停止加热后，电加热器长期处于氧化氛围的高温区中，容易氧化变脆，甚至断裂，失去再次起动的功能。

常用的电热丝为铁铬铝合金等电热体合金，在高温和氧化氛围条件下，电热丝中的金属元素易与氧气反应生成氧化物，导致电热丝性能发生变化，影响电加热器的正常运行。长期处于高温和氧化氛围条件下，电热丝的被氧化程度逐渐增加，使电热丝变脆甚至断裂，导致电加热器的失效，加热系统失去再次起动的功能。

(2) 由于电热丝直接埋在陶瓷蓄热体内，电加热丝表面温度比周围陶瓷蓄热体高 $100\,^{\circ}\text{C}$ 以上，会造成陶瓷蓄热体局部热应力过大，使陶瓷发生变形或者破碎，既降低陶瓷蓄热体寿命，又使部分陶瓷孔发生堵塞，影响氧化床的正常运行。由于电热丝的高温灼烧，陶瓷蓄热体会发生高温烧结，生成致密的高温液相共熔物，导致陶瓷的孔隙率、比表面积等微观结构严重恶化，影响氧化反应的正常进行。

陶瓷蓄热体中含有较多的 SiO_2 和 Fe_2O_3，这些氧化物对铁铬铝合金会产生不利影响，在高温下 Fe_2O_3 与加热元件表面的 Al_2O_3 反应生成低熔点化合物，从而导致元件性能急剧恶化，影响电加热器的正常运行。

(3) 由于电热丝直接埋在陶瓷蓄热体内，且在氧化床的中部，当电热丝发生损坏或者断裂时，电热丝维修和更换十分困难，不易操作，增加了设备的维护成本。

(4) 单台氧化装置电加热器的功率就为数百千瓦，增大了煤矿用电负荷。

针对电加热方式在使用中存在的劣势，热风加热方式得到了广泛的应用。热风加热方式利用燃烧器产生高温烟气，通过热风分配系统的分配实现对氧化床的均匀加热。在这一过程中，热风分配系统非常重要，它是由大量的分配管组成的，能否实现对热风流量、热量的合理分配将直接关系到氧化床能否均匀升温。因此，对于分配管分配特性的研究将是热风分配系统优化的理论基础。

第一节　热风加热起动系统的构成

热风加热起动技术的原理图如图 6.1 所示[3]。热风加热起动系统包括热风产生与调节系统和热风分配系统两大部分。

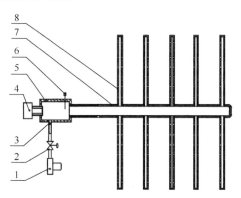

图 6.1　热风加热起动系统原理图

1-风机；2-流量调节阀；3-空气进风口；4-燃烧器；5-热风温度调节室；
6-热电偶；7-热风分配总管；8-热风分配支管

热风产生与调节系统由风机、流量调节阀、空气进风口、燃烧器、热风温度调节室和热电偶组成，安装在氧化装置本体的外部，与热风分配总管相连接。燃烧器插入热风温度调节室的内部，空气进风口套在燃烧器的燃烧头上，并与热风温度调节室连通。冷空气包围着火焰进入热风温度调节室。一方面，空气对高温气体具有引射作用；另一方面，空气与高温气体容易混合均匀。热风温度调节室采用耐温材料制成，其上布有热电偶。燃烧器和热电偶通过导线与控制单元相连，实现闭环控制。根据工况的需要，通过调节燃烧器的功率和流量调节阀的开度，以获得符合要求的热风。

热风分配系统由热风分配总管和热风分配支管组成。热风分配总管置于氧化装置本体内部的中心部位，插在陶瓷蓄热体的孔内。热风分配支管有多个，均匀平行分布在陶瓷蓄热体的孔内，其端部都与热风分配总管相连。热风分配支管的管壁上均匀分布着许多小孔，从而实现热风均匀分布到整个床体中。热风分配支管与陶瓷蓄热体之间留有间隙，间隙内安装支管支架，用于支撑热风分配系统。

在起动时，氧化床内送入很小的风量，氧化床内部中心部位的风压维持在环境大气压力附近。空气经过空气进风口进入热风温度调节室，燃烧器产生的高温气体与风机输送的空气在热风温度调节室内混合。混合后的热气体进入热风分配总管，然后进入各个热风分配支管，通过热风分配支管管壁上的小孔进入陶瓷蓄热体，对陶瓷蓄热体进行加热。热电偶采集混合气体的温度并送给控制单元，控制单元将采集的温度值与设定的目标温度值进行对比，对燃烧器的功率和流量调节阀的开度进行调节，以使混合气体的温度与设定的目标温度一致。

在起动过程中，由于换向系统不断地按照一定的时间间隔换向，热量会集中在氧化装置陶瓷蓄热体的中心部位。随着加热不断地进行，中心部位的温度会逐渐升高，呈中心温度高、上下部温度逐渐降低的正态分布形状。

当位于氧化装置陶瓷蓄热体中心部位的热电偶采集的温度达到预定值（如1000℃）时，逐渐增加煤矿乏风量，减小热风量至零，氧化装置进入正常运行状态。

第二节　热风分配系统性能研究

为了更好地掌握热风分配系统的特性，本节应用 Fluent 软件数值模拟氧化装置非稳态加热过程中热风加热起动系统的分配特性及氧化床的温度分布情况。重点研究热风分配系统的质量分配和热量分配的规律以及操作参数和结构参数对于质量和热量分配均匀性的影响，同时研究过程中氧化床的传热情况等。

一、模型建立

由于热风加热起动系统对整个氧化床加热，所以计算模型既包括氧化床流动与传热模型又包括热风分配管模型，据实际工况分别建立两者的计算模型。

（一）氧化床流动与传热模型建立

乏风氧化装置加热起动过程是一个非稳态加热过程，氧化床是由蜂窝陶瓷堆积而成的立式固体床，热风分配系统位于其中部对称截面，过程中涉及固体介质、流体介质的导热、对流及辐射等传热形式。模拟中，对氧化床部分所作的相关假设见第二章第四节。

流过多孔介质区域的热风满足连续方程：

$$\frac{\partial(\varepsilon\rho)}{\partial t} + \frac{\partial(\rho u)}{\partial x} + \frac{\partial(\rho v)}{\partial y} + \frac{\partial(\rho w)}{\partial z} = 0 \tag{6-1}$$

由于流速较低，认为多孔介质区域中的热风处于层流状态，可忽略惯性力的影响。多孔介质的 Darcy 定律可以作为动量守恒方程：

$$\nabla p = -\frac{\mu}{k}v \tag{6-2}$$

式中，∇p 为多孔介质压降；k 为渗透性系数；v 为速度；μ 为流体动力黏性系数。

在热风加热过程中，热风与氧化床之间存在换热，这样多孔介质区域局部热平衡假设将不成立，因此多孔区域的能量守恒方程应分为气相和固相能量守恒方程。

固相能量守恒方程：

$$(1-\varepsilon)\rho c_{s}\frac{\partial T_{s}}{\partial t}=(1-\varepsilon)\nabla\cdot(\lambda_{s}\nabla T_{s})+h(T_{f}-T_{s})-\nabla\cdot q \tag{6-3}$$

气相能量守恒方程：

$$\varepsilon\rho c_{f}\frac{\partial T_{f}}{\partial t}+(\rho c_{p})_{f}V\cdot\nabla T_{f}=\varepsilon\nabla\cdot(\lambda_{f}\nabla T_{f})+h(T_{f}-T_{s}) \tag{6-4}$$

式中，下标 s、f 分别代表固、气相；c_p 为比热容；λ 为导热系数；h 为固、气两相间的换热系数；$\nabla\cdot q$ 为辐射源项，ε 为孔隙率。

与多孔介质固体的辐射传热相比，气体的辐射可以忽略。将多孔介质固相看作具有发射、吸收、散射能力的半透明灰体介质。辐射热流散度 $\nabla\cdot q$ 作为辐射能量源项，多孔介质固相能量守恒方程得以引用。其计算公式如下：

$$\nabla\cdot q=\kappa\left\{4\pi I_{b}\left[T(r)\right]-\int I(r,s)\mathrm{d}\Omega\right\} \tag{6-5}$$

式中，等号右边第一项表示多孔介质微元体本身发射的辐射能；第二项表示微元体吸收的辐射能。当介质处于稳态、无内热源时，辐射进、出微元体的辐射能量应相等。κ 为多孔介质的吸收系数；$I(r,s)$ 为在空间沿 s 方向、位置 r 处的辐射强度，$I_{b}[T(r)]=n^{2}\sigma[T(r)]^{4}/\pi$ 为黑体辐射强度，是多孔介质的折射系数，这里取 1。对于辐射强度场和辐射热流散度 $\nabla\cdot q$ 的求解，则应从辐射传递方程（RTE）入手。这里多孔介质是吸收、发射、散射性灰体介质，其辐射传递方程如下：

$$(s\cdot\nabla)I(r,s)=-\beta I(r,s)+\kappa I_{b}(r)+\frac{\sigma_{s}}{4\pi}\int_{4\pi}I(r,s)\,\varepsilon(s'\rightarrow s)\mathrm{d}\Omega \tag{6-6}$$

式中，σ_{s} 为散射系数；β 为消光系数，且 $\beta=\kappa+\sigma_{s}$；$\varepsilon(s'\rightarrow s)$ 为沿 s' 方向的辐射散射相函数。对于各向异性散射，满足公式 $\varepsilon(s'\rightarrow s)=1.0+a_{0}(s'\rightarrow s)$，$-1\leqslant a_{0}\leqslant 1$ 是一个非对称性函数，本书中是等方性的散射相函数，取 $a_{0}=0$，即散射相函数 $\varepsilon(s'\rightarrow s)$ 为 1。

（二）热风分配管模型建立

为了研究的方便，将热风分配总管和支管分别定义为一级分配管和二级分配管，由于二者结构完全相同，所以分配特性也将一致[4,5]。这里对二级分配管建模并进行研究，一二级分配管的分配叠加效果将在二级分配管基础上进行验证。

热风分配管的工作环境比较复杂，管内流过的高温烟气首先对管壁进行加热，使得管壁温逐渐升高。分配管外是由蜂窝陶瓷蓄热体组成的氧化床，温差使得氧化床与管外壁之间亦存在热量传递。因此，在加热起动过程中，分配管壁温受到高温烟气和氧化床的共同作用。但在分配管分配特性的研究中，因为是非稳态加热过程，氧化床对分配管壁温的影响仅仅局限为边界条件的层面上，所以为简化模型，氧化床对分配管壁温的影响可以先不予考虑。二级分配管的物理模型如图 6.2 所示。二级分配管的相关假设及模型如下。

（1）分配管材质是耐高温的陶瓷，其物性参数看成常量。

（2）高温烟气当作空气来处理，不考虑其辐射的影响，其物性参数为温度的函数。

（3）分配管外壁面假设绝热，忽略氧化床对分配管壁温的影响。

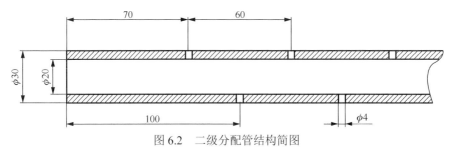

图 6.2　二级分配管结构简图

质量守恒方程：

$$\frac{\partial \rho}{\partial t} + \frac{\partial (\rho u_i)}{\partial x_i} = 0 \tag{6-7}$$

动量守恒方程：

$$\frac{\partial (\rho u_i)}{\partial t} + \mathrm{div}(\rho u u_i) = \mathrm{div}(\mu \mathrm{grad} u_i) + S_{U_i} - \frac{\partial P}{x_i} \tag{6-8}$$

式中，x_i 为 (x, y, z)；u_i 为 (u, v, w)。

能量守恒方程：

$$\frac{\partial (\rho h)}{\partial t} + \frac{\partial (\rho u h)}{\partial x} + \frac{\partial (\rho v h)}{\partial y} + \frac{\partial (\rho w h)}{\partial z} = \mathrm{div}(\lambda \mathrm{grad} T) + \varphi \tag{6-9}$$

式中，λ 为流体的导热系数；φ 为黏性作用机械能转换为热能的部分，称为耗散函数。

湍动能方程：

$$\frac{\partial (\rho K)}{\partial t} + \rho u_j \frac{\partial K}{\partial x_j} = \frac{\partial}{\partial x_j}\left[\left(\mu + \frac{\mu_t}{\sigma_k}\right) \cdot \frac{\partial K}{\partial x_j}\right] + \mu_t \frac{\partial u_i}{\partial x_j}\left(\frac{\partial u_i}{\partial x_j} + \frac{\partial u_j}{\partial x_i}\right) - \rho \varepsilon \tag{6-10}$$

耗散率方程：

$$\frac{\partial(\rho\varepsilon)}{\partial t}+\frac{\partial}{\partial x_j}\left(\rho u_j\varepsilon\right)=\frac{\partial}{\partial x_j}\left[\left(\mu+\frac{\mu_t}{\sigma_\varepsilon}\right)\cdot\frac{\partial\varepsilon}{\partial x_j}\right]+\frac{c_1\varepsilon}{K}\mu_t\frac{\partial u_i}{\partial x_j}\left(\frac{\partial u_i}{\partial x_j}+\frac{\partial u_j}{\partial x_i}\right)-\frac{c_2\rho\varepsilon^2}{K} \qquad (6\text{-}11)$$

式中，$\mu_t=c_\mu\rho K^2/\varepsilon$，在这一方程组中引入了三个系数（$c_1,c_2,c_\mu$）及三个常数（$\sigma_k$，$\sigma_\varepsilon$，$\sigma_T$），各自取值如表 6.1 所示。

表 6.1 耗散率方程系数和常数数值

符号	c_μ	c_1	c_2	σ_k	σ_ε	σ_T
数值	0.09	1.44	1.92	1.0	1.3	0.9～1.0

（三）网格划分及边界条件

由于分配管结构复杂，尺寸变化比较明显，所以不能用统一的网格形式，必须采用分体网格划分，不同介质的体之间界面设置成耦合壁面边界条件，体与体之间的数据传递则是通过共用的节点来完成的。连续介质内部面采用虚化处理，存在传热和传质双重现象。由于热风分配管路结构比较复杂，如果数值模拟中要用整个模型来表达，需要的网格数将非常多。根据分配管路的结构对称性，我们选取一半作为研究对象，中间壁面采用对称边界条件。图 6.3 为采用非结构化网格划分的二级分配管。因为结构尺寸变化比较大，只能采用非结构化网格进行划分[6, 7]。

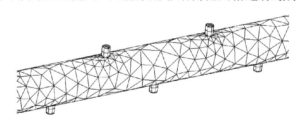

图 6.3 二级分配管网格划分

煤矿乏风氧化装置加热起动过程中，采用燃烧天然气产生烟气的方式来加热氧化床。根据实验中处理量为 5000m³/h 氧化装置的实验数据，算出热风分配系统的入口流量为 0.0017kg/s。由于煤矿乏风瓦斯的氧化温度一般要高于 1000℃，依据实验中热电偶所测烟气温度，取热风的入口温度为 1000℃。

二、计算结果与分析

研究分配管质量和热量分配时，首先定义分配均匀指数。定义二级分配管小孔最小质量流量与最大质量流量之比 q_{min}/q_{max} 为流量分配均匀指数，小孔最小热流量与最大热流量之比 Φ_{min}/Φ_{max} 为热量分配均匀指数。

（一）不同操作参数下分配特性

1. 入口质量流量的影响

图 6.4 为加热时间为 1500s 时，不同入口质量流量下沿着热风流动方向各小孔的质量流量分配比变化情况。从图中可以看出，沿着二级分配管内热风流动方向，小孔质量流量分配比是逐渐升高的。但是随着入口质量流量的增大，分配管入口端小孔的质量流量有所提高，分配管前后小孔的质量流量的偏差不断减小。随着入口质量流量的增大，流量分配均匀指数越来越高。

图 6.5 为加热时间为 1500s 时，不同入口质量流量下同侧各小孔的热流量分配比变化趋势。与质量流量变化趋势相反，小孔热流量变化是沿流动方向逐渐降低的，但是在入口温度一定的前提下，入口质量流量越高，小孔的热流量偏差越小，表现为管末端小孔的热流量分配比相对较高。

分析以上规律可知：高温烟气与管壁之间的传热是导致流量分配均匀指数和热量分配均匀指数变化的主要外部原因。传热使得在管内沿流动方向，热风温度逐渐降低。而热风密度与温度变化趋势相反，这使得同一时刻越靠近管末端的小孔，温度越低，热风密度反而越大，质量流量相对也就越大，所以从整个加热过程来看，流量分配均匀指数会随着管内前后空气温差的减小而不断提高。对于不同的入口质量流量，本身的热流量就不同，加之不同工况下热风与管壁之间的换热量不同，导致管内沿流动方向热风温度的不同。对于入口质量流量较低的工况，一定时间内流入管内的热量较少，加热初始阶段，管内空气温度下降更快，通过各小孔的热风焓值也降得更快，总体表现为管末端的小孔热流量较小。但随着气体在管内前后温差的减小，分配管后端小孔热流量分配比会越来越大。

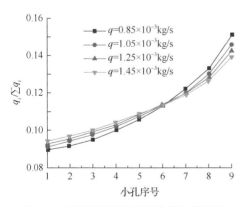

图 6.4　小孔质量流量分配比变化趋势图
（$t = 1500\text{s}$）

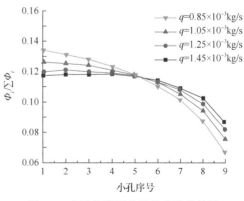

图 6.5　小孔热流量分配比变化趋势图
（$t = 1500\text{s}$）

2. 入口温度的影响

表 6.2 为不同入口温度下,加热过程中二级分配管流量分配均匀指数和热量分配均匀指数的变化趋势。可以看出入口温度一定时,随加热过程的进行,q_{min}/q_{max}、Φ_{min}/Φ_{max} 均是逐渐变大的,这也是高温空气与壁面传热导致的空气密度不均的结果。相同加热时间下,热量分配均匀指数随着入口温度的增大而变大,但流量分配均匀指数的变化较为复杂。初始阶段,入口温度低的工况下流量分配均匀性要远好于入口高温的工况。例如,加热时间为 1s 时,流量分配均匀指数最大差别达 0.145。这主要是因为入口温度越低,加热初始阶段,分配管前后空气温差越小,密度差也越小,流量分配均匀性越好。但随着加热过程的进行,入口温度越高的工况,流量分配均匀性越差。当加热过程趋于稳态时,各工况下两均匀指数的变化不大,入口空气温度的影响可以忽略不计。图 6.6 为加热时间足够长时,质量流量分配比随入口温度的变化趋势。这一结论与钟贤和[8]的研究结果吻合,后者研究的是稳态情况下不同温度对质量流量分配均匀指数的影响。

表 6.2　不同入口温度下均匀指数的变化

时间/s	673K		873K		1073K		1273K	
	$\dfrac{q_{min}}{q_{max}}$	$\dfrac{\Phi_{min}}{\Phi_{max}}$	$\dfrac{q_{min}}{q_{max}}$	$\dfrac{\Phi_{min}}{\Phi_{max}}$	$\dfrac{q_{min}}{q_{max}}$	$\dfrac{\Phi_{min}}{\Phi_{max}}$	$\dfrac{q_{min}}{q_{max}}$	$\dfrac{\Phi_{min}}{\Phi_{max}}$
1	0.617	0.390	0.553	0.402	0.506	0.413	0.472	0.420
10	0.618	0.396	0.555	0.408	0.509	0.420	0.475	0.425
100	0.635	0.456	0.579	0.466	0.540	0.472	0.511	0.475
500	0.705	0.658	0.676	0.669	0.660	0.672	0.650	0.675
1000	0.771	0.805	0.764	0.819	0.767	0.829	0.772	0.836
1500	0.813	0.894	0.818	0.908	0.828	0.916	0.838	0.923

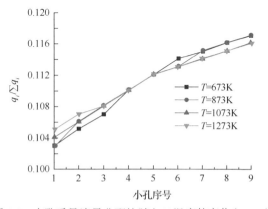

图 6.6　小孔质量流量分配比随入口温度的变化 ($t = \infty$)

(二)不同结构参数下分配特性

在二级分配管内分配特性的研究中,摩擦阻力部分和惯性部分对于管内压力分布起到相反的作用。摩擦阻力部分使得管内压力沿流动方向逐渐下降,而惯性部分的作用正好相反。因此,对于二级分配管分配特性的分析及结构方面的优化都源于对摩擦阻力部分和惯性部分的综合考虑[9-12]。

根据二级分配管的基础模型,将各种结构参数下的工况列表,如表 6.3 所示。

表 6.3 变结构参数情况下的工况表

工况名称		孔径比(d_c/d)	小孔个数	注释
基础工况		0.20	18	基础工况
A1		0.15		
A2	A	0.20	18	变孔径比
A3		0.25		
A4		0.30		
B1			14	
B2	B	0.20	16	变小孔个数
B3			18	
B4			20	

1. 孔径比的影响

对于二级分配管来说,孔径比不仅是其最基本的结构参数,也是影响其分配均匀特性的重要参数。

图 6.7 和图 6.8 为不同孔径比下,二级分配管小孔流量分配均匀指数和热量分配均匀指数随加热时间的变化趋势。不同孔径比下,流量分配均匀指数与前述具有类似的变化规律,流量分配均匀指数的这种变化趋势主要由空气与管壁的换热导致的温度不均所致。从图 6.7 中不难看出,采用较小的孔径比能够得到更好的流量分配情况。陈水俤[13]和伍钦等[14]已经得出:对于二级分配管来说,采用较小的孔径比可以增大分流阻力,进而平衡管内压力分布的不均匀性,从而实现流量分配的均匀性。另外,随着孔径比的增大,分配管出现回流的可能性越来越大,且越靠近分配管入口,小孔回流现象越明显。出现回流意味着有涡流现象,而涡流越大,阻力越大,通过小孔的质量流量相对越小。

对于热量分配而言,孔径比越大,热量分配越均匀,孔径比越大,分配管后端小孔的热量分配越多。这主要与孔径比对流量分配的影响有关。整体来看,在假定高温空气与管壁换热不变的情况下,沿管内热风流动方向小孔的分流增多,这将使得二级分配管的热量分配增多。孔径比增大虽然一定程度上能够平衡加热过程中因换热带来的热量分配不均,但过大的孔径比将使得热量分配均匀指数随加热过程的进行而逐渐变小。

可见对于孔径比，从流量分配均匀性来考虑，应选用较小孔径比，从热量分配均匀性出发，则适当选用大孔径比比较符合实际情况。

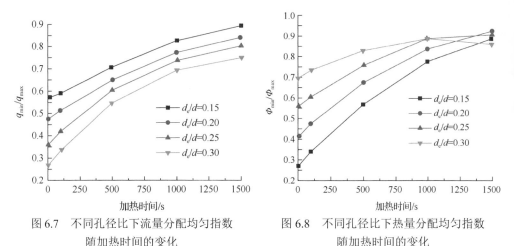

图 6.7 不同孔径比下流量分配均匀指数随加热时间的变化　　图 6.8 不同孔径比下热量分配均匀指数随加热时间的变化

2. 小孔个数的影响

从图 6.9 中小孔个数对流量分配均匀指数的影响趋势可以看出：在同一加热时刻，小孔个数越多，q_{min}/q_{max} 的值越小，流量分配越不均匀。这主要是由于小孔分流增多，阻力效应降低，动量效应使得沿流动方向管内压力增高所致。而小孔个数对于热量分配影响的规律性并不很明显。

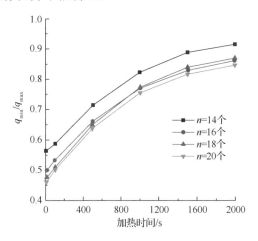

图 6.9 不同小孔个数下流量分配均匀指数随加热时间的变化

如图 6.10 所示，加热过程前期，受流量分配规律的影响，小孔个数越少，热量分配均匀指数的值越小，热量分配越不均匀。加热过程后期，小孔个数对于热量分配均匀指数的影响正好相反，小孔个数越少的工况，热量分配均匀指数越高。但总体看来，小孔个数对于热量分配均匀性的影响并不大。但并不代表小孔个数对热量分配情况的影响可以忽略不计。详细研究(以加热时间为 2000s 时为例)的结果发现，小孔个数较多的工况下，末端小孔的热量分配比较大，分流量较多。

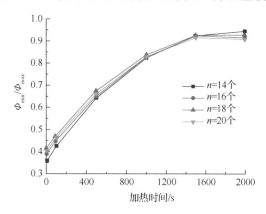

图 6.10　不同小孔个数下热量分配均匀指数随加热时间的变化

(三)一二级分配管的叠加特性

一二级分配管的叠加特性以管径比对流量分配和热量分配的影响为例进行分析，具体工况如表 6.4 所示。管径比分析过程中，保持二级分配管根数 26、每根管上小孔个数 18 不变。入口质量流量为 0.017kg/s，热风温度为 1273K。保持二级分配管管径不变，通过变化一级分配管和小孔的直径，从而形成不同的管径比工况。

表 6.4　管径比变化工况表

工况	1	2	3	4	5	6
管径比($d_1/d_2/d_c$)	70/20/4	70/20/6	80/20/4	80/20/6	90/20/4	90/20/6

对比图 6.11 中 6 个质量流量分配图会发现工况 5 的质量流量分配均匀性最好。从管径比变化的角度进行分析，随着 d_1/d_2 的逐渐变小，工况 5 和 6 的质量流量分配均匀性是最好的，而 d_1 不变时，随着 d_2/d_c 的变小，工况 5 的质量流量分配均匀性要优于工况 6。可以看出，正是管径比 $d_1/d_2/d_c$ 的逐级递减使得 6 种工况中，以管径比最小的工况 5 的质量流量分配最均匀。这也正说明了在一级分配管中，管径比对质量流量分配的影响具有叠加效果。因此，单纯地从分配管质量流量分配均匀性的角度分析，尽量采用各级管径比较小的工况，可以得到较为理想的质量流量分配效果。

图 6.12 为不同工况下热流量分配趋势变化图。前面已经得出结论，采用较大的孔径比，可以增大管末端小孔的热流量分配比。这一结论在一级分配管中仍然是适用的，而且在双重管径比效应的叠加作用下，热流量分配比受管径比影响的效果会更加明显。如图所示，工况 2 的管径比是最大的，其末端支管及小孔的热流量分配

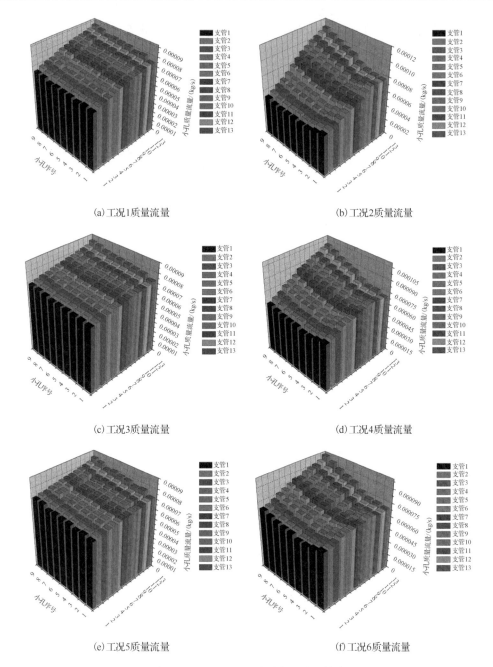

(a) 工况1质量流量

(b) 工况2质量流量

(c) 工况3质量流量

(d) 工况4质量流量

(e) 工况5质量流量

(f) 工况6质量流量

图 6.11　不同工况下质量流量分配趋势

比是最大的。热流量的这种变化规律与质量流量的变化趋势是分不开的，小孔质量流量越大，热流量越多。另外，管内热风温度的变化也不可忽略。通过对比管末端处有相同质量流量的不同工况发现，温度越高的工况，热风所携带的能量也是越多的。因此，在热风温度和质量流量分配不均的共同影响下，管径比越大的工况，管末端的热流量分配比越高。可见一二级分配管由于在结构上具有极大相似性，所以无论在质量流量还是热流量方面都具有很好的叠加性。

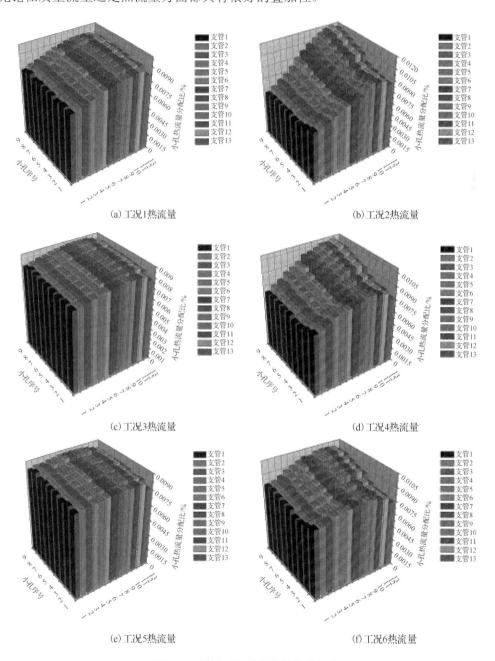

(a) 工况1热流量　　　　　　　　　　　　(b) 工况2热流量

(c) 工况3热流量　　　　　　　　　　　　(d) 工况4热流量

(e) 工况5热流量　　　　　　　　　　　　(f) 工况6热流量

图 6.12　不同工况下热流量分配趋势

(四)氧化床加热过程传热分析

图 6.13 为加热起动过程中，通过小孔的热流量与入口总热流量之比 Φ_H/Φ 随加热时间的变化。可以看出，加热过程开始阶段，小孔的热流量仅占总热流量的 25% 左右，大部分的热流量被用来首先预热分配管。由于分配管由耐高温的陶瓷材料制成，导热系数小，蓄热能力强，所以分配管预热过程中所需的热流量也是不容忽视的一部分，不过，加热 1000s 后，小孔热流量所占的比例明显增加，而且会越来越高，极限情况下，当加热起动过程临近结束时，几乎绝大部分的热流量都是从小孔流出的。因此在整个加热起动过程中，对于小孔热流量的合理分配将是氧化床均匀受热的主要入手点。

图 6.14 为分配管能量收支变化，图中以分配管为封闭系统，内壁面吸热、外壁面放热为正。可以看出，在氧化床加热初始阶段，分配管外壁面与内壁面传热量之比 Φ_{out}/Φ_{in} 是负值，这是因为初始阶段从管内壁面吸收的热量通过导热传递到管外壁面处的热量很少，而此时管外已经充满了从小孔流出的温度较高的热风，管外热风及氧化床与分配管外壁面存在的热量传递要强于分配管内的导热，因此从分配管外壁面的角度来分析，分配管也是吸热的。从图中可以看出，当加热时间接近 100s 时，分配管内部导热使得管外壁温升高，分配管外壁面吸、放热矢量和为正。当加热时间在 1000s 左右时，Φ_{out}/Φ_{in} 的值已经达到 0.8，这以后分配管内外壁温差将进一步缩小，导热量更低。分配管内壁面吸收的热量除部分继续用于管壁升温外，大部分以辐射、对流等形式与管外环境进行热交换。

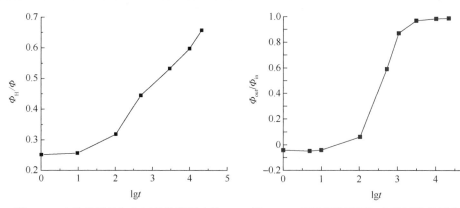

图 6.13　小孔热流量与入口总热流量之比　　图 6.14　分配管外壁面与内壁面传热量之比
随加热时间的变化　　　　　　　　随加热时间的变化

图 6.15 是加热过程中分配管内壁温分布图。可以看出，随着加热过程的进行，壁温有规律地逐渐升高，越靠近入口端温度升高越快，管末端受氧化床壁面影响，温度上升比较慢。随着分配管壁温的升高，热风与管壁的温差逐渐降低，因此传热

量随加热过程而逐渐降低，即出现图 6.13 中 Φ_H/Φ 随加热过程逐渐变大的变化规律。

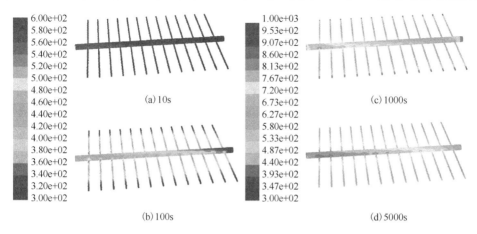

图 6.15　分配管内壁面温度变化（单位 K）

如图 6.16 所示，分配管壁面辐射传热量在整个加热过程中的影响是不应忽略的。开始加热的一段时间内，管壁与氧化床的辐射传热量很少，仅占整个入口总热流量的 5%左右。当然随着管壁温的升高，辐射对氧化床受热的影响越来越大，特别是当加热时间在 3500s 左右时，辐射传热量达到最大值，占总热流量的 35%还多。

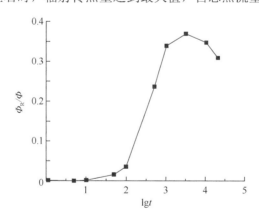

图 6.16　分配管辐射传热量与入口总热流量之比随加热时间的变化

（五）加热过程氧化床温度变化

乏风氧化装置加热起动过程是一个既费时又耗能的过程，评定一次加热起动过程是否达到目标要求，氧化床的温度分布曲线是唯一的参考标准。在实际实验中，氧化床的温度分布是通过布置好的热电偶测得的。理想的氧化床温度分布曲线呈中间高、两头低的正态分布，当然中间高温区的范围越广，越有利于装置氧化反应过

・146・ 低品位能源利用——煤矿乏风瓦斯热逆流氧化理论与技术

程的进行[15]。

乏风氧化装置是立式结构，热风分配系统安装在装置的中间部位。图6.17是乏风氧化装置上下对称截面的温度分布图。由于蜂窝陶瓷体孔隙的方向是上下相通的，分配管之间氧化床部分的加热只能靠陶瓷体自身的传热来实现。蜂窝陶瓷材料的导热系数很小，所以在每两根二级分配管之间都会存在氧化床低温区。当然这部分的低温区会随着加热过程的进行而逐渐变小，温度也会逐渐上升。在保证热量分配合理的前提下，选择支管数相对较多的工况对于氧化床的加热将更为有利。

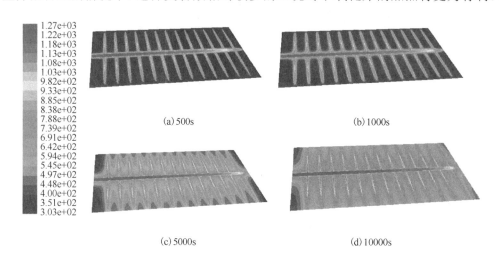

图6.17 氧化床上下对称截面温度变化(单位 K)

取加热时间为5000s的工况作为研究对象。在距氧化床中间水平截面一侧250mm处的截面上，依次距离热风分配系统入口550mm、1150mm和1750mm处，沿二级分配管轴线方向取温度测点，得到氧化床一侧的温度曲线，如图6.18所示。从图中可以看出，三条温度曲线的变化趋势是类似的，但越靠近分配管入口，温度是越高的。这是因为沿分配管轴线方向，热风温度不断降低，从而小孔出流热风的焓值不断降低。另外，分配管外壁温也是越靠近末端越低，相应的与氧化床之间的传热量不断降低。

从温度曲线的横坐标看，氧化床温差还是比较大的。造成这种差别的原因除了各二级分配管在进行热量的再次分配时不合理，导致靠近支管入口处小孔热流量比例偏大外，壁面辐射等传热形式的影响也不容忽视。前面已经分析，由于分配管壁温不均匀，加热过程中，分配管壁面与氧化床之间的辐射传热密度在不同的地方是不一样的，温差越大，越靠近主管的氧化床部分靠辐射等传热形式而吸收的热量也就越多。

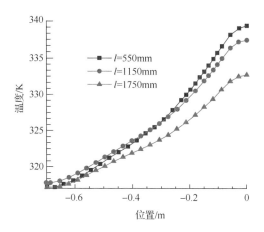

图 6.18　不同测点的温度分布图

参 考 文 献

[1] US EPA. Assessment of the worldwide market potential for oxidizing coal mine ventilation air methane(peer review draft). United States Environmental Protection Agency, EPA 430-R-02-008, 2003.

[2] 郑斌, 刘永启, 刘瑞祥, 等. 煤矿乏风的蓄热逆流氧化. 煤炭学报, 2009, 34(11): 1475-1478.

[3] LIU Y Q, HAN J H, YOU Y Y, et al. Numerical study on the transient preheating process of a regenerative oxidation bed. The Open Mechanical Engineering Journal, 2011, 5: 62-67.

[4] 刘永启, 刘瑞祥, 高振强. 矿井乏风氧化装置: ZL200820224339.X. 2009-08-19.

[5] 刘永启, 刘瑞祥, 高振强. 矿井乏风瓦斯热氧化装置: ZL200810249860.3. 2010-03-10.

[6] 韩占忠, 王敬, 兰小平. FLUENT-流体工程仿真计算实例与应用. 北京: 北京理工大学出版社, 2004.

[7] 于勇. FLUENT 入门与进阶教程. 北京: 北京理工大学出版社, 2008.

[8] 钟贤和. 焙烧装置烟气流动规律与流量分配均匀性研究. 重庆: 重庆大学, 2004.

[9] 王峻晔, 葛晓陵, 吴东棣. 分支流理论研究进展. 力学进展, 1998, 28(3): 392-401.

[10] WANG J Y. Pressure drop and flow distribution in parallel-channel configurations of fuel cells: U-type arrangement. International Journal of Hydrogen Energy, 2008, 33: 6339-6350.

[11] 王峻晔, 吴东棣. 流体在多孔管分支系统中的流动机理研究. 水动力学研究与进展(A 辑), 1999, 14(1): 34-44.

[12] 朱玉琴. 并联管组流量分配规律的研究. 节能, 2006, 2: 5-7.

[13] 陈水俤. 多孔管配水均匀性的理论探讨. 给水排水, 1995, 5: 5-10.

[14] 伍钦, 蔡梅琳, 梁玉兰. 流量分配管的设计理论. 给水排水, 1998, 24(7): 31-34.

[15] KUSHWAHA A, POIRIER M, HAYES R E. Heat extraction from a flow reversal reactor in lean methane combustion. Chemical Engineering Research and Design, 2005, 83(A2): 205-213.

第七章　氧化床的流动分配特性

研究乏风氧化床流动均匀性的主要目的在于：①通过实验对乏风氧化床内的速度分布特征进行实验测量和分析，得到不同进气流量时氧化床内气体速度的分布情况和装置进出口压力损失，详细分析入口速度对流动均匀性的影响，并进一步分析其流动机理。②对实验系统进行模拟计算，以实验分析为基础数据确认数值模拟的可靠性，验证数学模型以及边界条件假设的可行性，对乏风氧化装置的流动均匀性进行更细致的研究及优化。

第一节　氧化床流动均匀性实验研究

一、实验方法

（一）实验方案

气体在进入乏风氧化装置的氧化床之前，需经过两组乏风导向分配器对它进行导流。

一是横向导流。由于输气管道截面与集气箱入口的流通截面积悬殊，乏风经换向阀进入氧化装置，要经过一段流通面积急剧扩大的过程，因此采用天圆地方管作为连接两截面的过渡段，简称为天圆地方扩张段。参考文献[1]，为了减小气体由于惯性作用而造成的横向分配不均，扩张段的扩张角一般要小于 30℃，因此，本实验中天圆地方扩张段的扩张角采用 30℃。

二是纵向导流。氧化装置床体较长，集气箱的作用是均匀地将气体分配到氧化床内。其中，集气箱包括上、下集气箱，负责将乏风分配到氧化床内的称为分配集箱，负责将氧化床出口排气汇集排出的称为汇集集箱。

本实验着重研究纵向导流对氧化床的流动均匀性的影响以及进行均匀性机理分析。另外，由于研究中只关心装置内流场的分布情况，与氧化传热关系不大，故暂时不考虑氧化床内发生的化学反应，只对乏风氧化装置的冷态流场进行研究分析。

（二）实验装置

乏风氧化装置的流场模型实验装置如图 7.1 所示。该实验为冷态实验，因此设计模型实验装置时可以对其进行相应的简化，即在原型的基础上去掉加热起动装置、取热装置和电控单元等，只保留陶瓷氧化床和进排气系统。

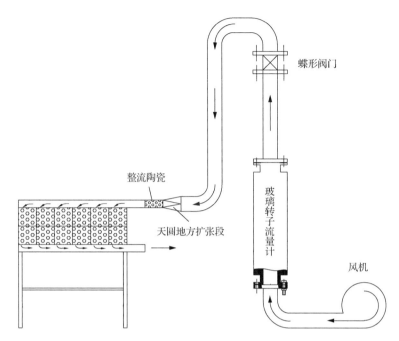

图 7.1 模型实验装置示意图

模型实验装置中,风机为动力源,是气体能够在管道中流动的推动力,采用空气代替乏风作为气源,从而减少安全隐患。玻璃转子流量计负责测量管道中的流量,并在其下游蝶形阀门的控制下实现流量调节。阀门的流量调节范围为 $110 \sim 270 \mathrm{m}^3/\mathrm{h}$,整流陶瓷的作用是对进入集气箱的来流空气进行整流,从而弥补装置入口处天圆地方扩张段对气体横向导流分配的不足,使得集气箱入口速度的分布更为均匀,为研究纵向导流对氧化装置的流动均匀性的影响创造更准确的环境。氧化装置实验台的相关参数如表 7.1 所示。

表 7.1 乏风氧化装置实验台的相关参数

参数	数值	参数	数值
氧化床高度/mm	200	陶瓷四方孔边长/mm	2.5
氧化床长度/mm	600	陶瓷壁厚/mm	0.7
氧化床宽度/mm	200	孔隙率/%	59
集气箱高度/mm	40	—	—

实验进行时,外部空气经鼓风机进入实验装置的内部管路,接着经过蝶形阀门的流量调节,自下而上流经玻璃转子流量计,之后经过天圆地方扩张段的横向导流

分配、整流陶瓷的整流以及分配集箱的纵向导流分配后，进入陶瓷氧化床进行参数测量，最终经汇集集箱排出实验装置。另外，由于实际乏风氧化装置换向流动具有对称性，本实验装置只设计了测量一种流动方向(半个循环)的流场参数分布。

(三)测点布置

图 7.2 为陶瓷氧化床实验段的测点布置图。如图所示，测点 1~8 开孔于氧化床床体的一侧，孔深均为 70mm。其中，测点 1~6 为氧化床内部的速度测点，位置中间偏上，每两个测点间隔 100mm，用于测得床内该流动横截面的速度分布。测点 7、8 为压差和速度测点，两点位于竖直方向，间隔为 100mm，通过这两点可以测得沿流动方向氧化床内的压降，从而计算陶瓷的阻力损失系数，为后续数值模拟提供必要的边界条件。测点 9、10 为压差测点，距离入口(或出口)25cm，用于测得氧化装置进、出口的总压差，得到氧化装置总的阻力损失。实验中，利用玻璃转子流量计测量流量，其测量误差为 2.5%；采用热球风速仪对氧化床截面的速度进行测量，测量误差为 2%；应用差压计和皮托管对压差进行测量，测量误差分别为 2%和 5%。

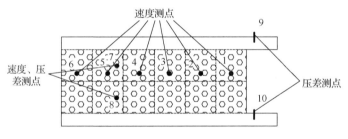

图 7.2　测点布置图

(四)取值方法

在实际测量时，由于测量手段、操作方式和测量仪器等均存在不同程度的误差，所以相同工况下每个测点通常需测量三次以上，取其平均值，如果这三次测量值彼此相差太大，则必须重复多次测量，去掉偏差较大的值，剩余的再取平均值。

在对氧化装置进、出口总压差进行测量时，皮托管每次只能测得测点所在垂直面上某一点的压力，但由于流体的黏性等原因，进、出口截面各点的流速和压力分布是不均匀的，如果只对其一点测量，势必会造成测量值不精确，增大测量误差。通常解决该问题的办法是将所测截面分成面积相等的若干部分，认为每一部分的压力均匀分布，在每一部分的中心点进行测量，最终取其平均值，这样就可使测量值更贴近实际流场情况，从而降低测量误差。对于方形进、出口截面，如图 7.3 所示，将氧化装置入口(或出口)截面分成面积相等的五部分，测点位于每一部分的中心，各点对应的压力值从上而下依次为 p_{in1}、p_{in2}、p_{in3}、p_{in4}、p_{in5}(或 p_{out1}、p_{out2}、p_{out3}、p_{out4}、

p_{out5})。总压差的计算方法如下：

$$\Delta p_1 = \frac{1}{5}[(p_{\text{in1}} - p_{\text{out1}}) + \cdots + (p_{\text{in5}} - p_{\text{out5}})] \tag{7-1}$$

$$\Delta p_2 = \frac{1}{5}[(p_{\text{in1}} - p_{\text{out5}}) + \cdots + (p_{\text{in5}} - p_{\text{out1}})] \tag{7-2}$$

$$\Delta p = \frac{\Delta p_1 + \Delta p_2}{2} \tag{7-3}$$

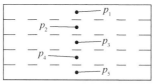

图 7.3 氧化装置入口(或出口)截面压力测点分布图

二、结果分析

(一)流动均匀性指数的定义

为了研究各种因素对流动均匀性的影响，有必要对流动均匀性给出精确的评判准则，以便找到改善乏风氧化装置流动均匀性的有效办法。本书采用 Weltens 等[2]定义的均匀性指数来评价氧化床内流动的分布特性，其定义如下：

$$\gamma = 1 - \frac{1}{2n}\sum_{i=1}^{n}\frac{\sqrt{(v_i - v_{\text{mean}})^2}}{v_{\text{mean}}} \tag{7-4}$$

式中，γ 为均匀性指数，在 $0\sim1$ 变化，1 表示理想的均匀流，0 表示气流仅通过单个通道；n 为网格节点数；v_i 和 v_{mean} 分别为 i 网格节点处速度和氧化床横截面上的平均速度。显然，这里用均方差定义的均匀性指数能够有效合理地反映氧化床内流场的分布特性。

(二)氧化床流动阻力的数学模型

陶瓷氧化床由许多蜂窝陶瓷排列叠加而成，床体上均匀分布着数以万计轴向相通、大小相同的细长管道，气流只能在管道内部沿轴向运动，而不能径向扩散。相对于床体尺寸，这些管道不仅尺寸太小、形状相同，而且数量繁多，要全部细致了解这些管道内的流动均匀性情况几乎是不可能的。此外，从工程角度看，人们更关心的是氧化床整体的气流分布情况，而并非精确到每一陶瓷孔。因此，研究中一般将其视作多孔介质(多孔介质的具体介绍见第二章)，认为其内部的气流是连续分布的，在遵循多孔介质宏观流动控制方程的基础上，应用数值方法模拟其内部的流动现象。

经计算，陶瓷氧化床上基于孔尺度的特征雷诺数 Re_p 在 1～100，气体在床内流动的过程中其压力梯度除了克服黏性阻力，还要克服惯性力。因此，压力梯度和流动速度间的关系可用 Darcy-Forchheimer 定律来描述[3]，即

$$\frac{|\Delta p|}{L} = c_2 \frac{1}{2} \rho v^2 + \frac{\mu}{a} v \tag{7-5}$$

式中，Δp 为阻力损失；L 为流动距离；ρ 为流体密度；v 为流动速度；μ 为流体的动力黏度；a 为多孔介质的渗透率，即黏性阻力系数的倒数；c_2 为惯性阻力系数。

图 7.4 是在 7、8 两个测点处测得的压降和速度的实验数据，根据式(7-5)，可以将该组数据拟合为一条二次曲线，从而求出黏性阻力系数和惯性阻力系数。曲线方程表示为

$$\Delta p = 5.16v^2 + 13.15v \tag{7-6}$$

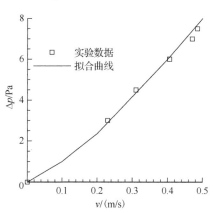

图 7.4　氧化床内压降随速度的变化

在图 7.4 中可以看到，实验数据与拟合曲线吻合程度较高。根据方程(7-5)和方程(7-6)，可以计算出氧化床内单位长度的黏性阻力系数 $1/a$ 为 7.6×10^6，惯性阻力系数 c_2 为 86.65。

(三)流量分配均匀性分析

实验过程中，通过测量 1～6 测点处的速度值从而体现出氧化床横截面的流动均匀性情况。图 7.5 为不同流量情况下，该六个测点给出的氧化床横截面的速度分布曲线，其中，1～6 测点的横坐标依次增大，且距离入口逐个变远。实验结果显示，在各个流量工况下，乏风在氧化床横截面的速度分布都是不均匀的，各个测点的流速呈现很明显的阶梯分布，靠近入口处氧化床内的速度最大，沿着气体流动方向床内速度逐渐变小。就入口流量为 270m³/h 的工况而言，测点 1 与测点 6 两处测得的速度

相差 1.5m/s 左右，差值约为最小速度的 3 倍。乏风在氧化床横截面分配得如此不均会严重影响整个装置的可操作性、运行稳定性和安全性。

图 7.6 为均匀性指数随入口流量的变化情况，可以看出随着流量的增大，流动的均匀性明显下降，尤其是流量超过 210m³/h 后，均匀性指数的下降更为迅速，而在流量低于 210m³/h 时，均匀性指数下降则较为缓慢。因此，在实际应用中，应在均匀性变化不大的前提下选择较大的流量，以便更好地保证乏风氧化装置单机的乏风瓦斯处理能力。

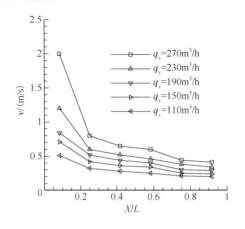

图 7.5 氧化床横截面的速度分布

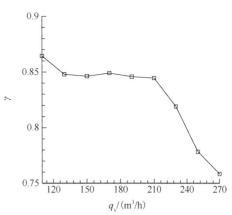

图 7.6 均匀性指数随流量的变化

(四) 均匀性影响机理

乏风氧化装置中，气流是在上、下两集气箱间压差的推动下完成在陶瓷孔道内流动的，因此，两集气箱中流体的静压分布规律与氧化床内部的流动均匀性有密切联系。在分配集箱和汇集集箱中，由于沿流向不断地有气体流入或流出氧化床，两集气箱中流体的动量、质量和压强均会发生变化，加上气体在集气箱中流动时存在摩擦阻力的影响，从而构成了两集气箱之间的变质量流动。对于这种流动过程，工程上一般采用修正的动量守恒方程对其进行描述[4]，形式为

$$\frac{dp_i}{dz} + 2K\rho_g u_i \frac{du_i}{dz} \pm \frac{\lambda\rho_g u_i^2}{2D_{ei}} = 0, \quad i = 1,2 \tag{7-7}$$

式中，K 为动量交换系数，需实验测定。式(7-7)表示两集气箱中沿流动方向流体静压的变化情况，其中带"±"项中"+"表示分配集箱中的分流流动，"-"则表示汇集集箱中的集流流动。集气箱中流体静压的变化量一部分来自动量的转换 $\left(2K\rho_g u_i \dfrac{du_i}{dz}\right)$，另一部分则用以克服摩擦阻力 $\left(\dfrac{\lambda\rho_g u_i^2}{2D_{ei}}\right)$。乏风氧化装置中的变质量流

动一般为动量交换控制型流动，即动量交换效应对静压的影响占据主导。

分配集箱中，由于沿程不断地有气体流入氧化床内，集气箱中气体的质量流量不断递减直至为零，造成动压头下降而静压力增加，设为 Δp_{fr}；同时又由于气体沿程与壁面的摩擦作用，静压有所降低，设为 Δp_{ff}。在这两方面的共同作用下，分配集箱中的静压变化量为 $(\Delta p_{fr} - \Delta p_{ff})$。同样，汇集集箱中，由于沿程不断地有气体从氧化床内汇入集气箱中，气体的质量流量从零不断递增，造成动压头增加而静压力减小，设为 Δp_{hr}；同时又由于气体沿程与壁面的摩擦作用，静压降低，设为 Δp_{hf}。在这两方面的共同作用下，汇集集箱中的静压变化量为 $(\Delta p_{hr} + \Delta p_{hf})$。其中，下标中第一个 f 代表分配集箱，h 代表汇集集箱，r 代表因动量转化造成的静压改变，第二个 f 代表由于克服摩擦阻力而产生的静压降低。另外，w_{f1}、w_{fi}、$w_{f(n+1)}$、w_{h1}、w_{hi}、$w_{h(n+1)}$ 分别代表两集气箱中的速度值。而 1、i、$(n+1)$ 则代表位置参数，分别为集气箱开口端、集气箱中任意位置、集气箱封闭端。具体的静压分布情况如图 7.7 所示。

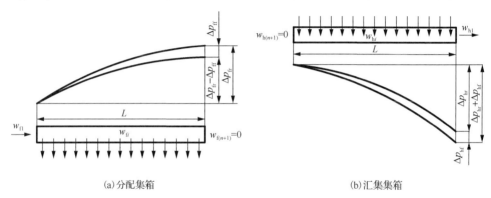

(a)分配集箱　　　　　　　　　　　　　(b)汇集集箱

图 7.7　分配集箱和汇集集箱中任意点的压力变化

由于气流是在上、下两集气箱间压差的推动下完成在陶瓷孔道内流动的，两集气箱间对应的压差对氧化床内流动均匀性具有决定性的作用。乏风氧化装置中，若分配集箱中入口端静压为 p_{f1}，末端静压为 $p_{f(n+1)}$，汇集集箱中出口端静压为 p_{h1}，末端静压为 $p_{h(n+1)}$。根据式(7-7)可以得出以下结论。

分配集箱中：

$$p_{f(n+1)} - p_{f1} = (\Delta p_{fr(n+1)} - \Delta p_{ff(n+1)}) - (\Delta p_{fr1} - \Delta p_{ff1}) = \Delta p_{fr(n+1)} - \Delta p_{ff(n+1)}$$

$$\vdots$$

$$(7-8)$$

$$p_{f(i+1)} - p_{fi} = (\Delta p_{fr(i+1)} - \Delta p_{ff(i+1)}) - (\Delta p_{fri} - \Delta p_{ffi}) \tag{7-9}$$

汇集集箱中：

$$p_{h(n+1)} - p_{h1} = (\Delta p_{hr(n+1)} + \Delta p_{hf(n+1)}) - (\Delta p_{hr1} + \Delta p_{hf1}) = \Delta p_{hr(n+1)} + \Delta p_{hf(n+1)}$$

$$\vdots$$

$$(7-10)$$

$$p_{h(i+1)} - p_{hi} = (\Delta p_{hr(i+1)} + \Delta p_{hf(i+1)}) - (\Delta p_{hri} + \Delta p_{hfi}) \tag{7-11}$$

将以上两组公式相减可得

$$(p_{f(n+1)} - p_{h(n+1)}) - (p_{f1} - p_{h1}) = \Delta p_{fr(n+1)} - \Delta p_{ff(n+1)} - \Delta p_{hr(n+1)} - \Delta p_{hf(n+1)} < 0 \tag{7-12}$$
$$\vdots$$

$$(p_{f(i+1)} - p_{h(i+1)}) - (p_{fi} - p_{hi})$$
$$= [(\Delta p_{fr(i+1)} - \Delta p_{ff(i+1)}) - (\Delta p_{fri} - \Delta p_{ffi})] - [(\Delta p_{hr(i+1)} + \Delta p_{hf(i+1)}) - (\Delta p_{hri} + \Delta p_{hfi})]$$
$$= (\Delta p_{fr(i+1)} - \Delta p_{ff(i+1)}) - (\Delta p_{hr(i+1)} + \Delta p_{hf(i+1)}) + (\Delta p_{hri} + \Delta p_{hfi}) - (\Delta p_{fri} - \Delta p_{ffi}) < 0 \tag{7-13}$$

计算结果表明，靠近入口处集气箱之间的压差最大，而随着远离入口，压差逐渐减小，直至集气箱末端。同样，如图 7.8 所示，Δp_i 为两集气箱间任意点对应的压差，由于沿流动方向分配集箱与汇集集箱中静压的变化速率不同，分配集箱中静压的沿程变化速率较小，而汇集集箱中的较大，使得压差 Δp_{i+1} 明显大于压差 Δp_i，得到了与数学计算相同的结果。因此，乏风氧化装置氧化床内的乏风分配不均，靠近入口处床内的流量最大，而沿着床体方向流速逐渐减小，末端时最小。计算和分析结果均与实验测得的结果相吻合。

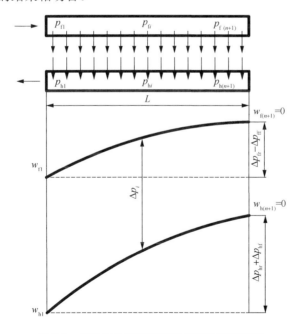

图 7.8　乏风氧化装置两集气箱间的压差变化

另外，根据文献[4]的研究，式(7-7)中动量交换系数 K 与主流道中单位长度内的动能相对变化量有关。当入口流量增加时，单位长度内动能的相对变化量就会增大，

使得动量交换系数 K 变大，从而集气箱中因动量交换作用对静压的影响就会加强，使 Δp_{fr} 和 Δp_{hr} 都增加。同时，入口流量增加后，集气箱中的沿程损失系数也会随着雷诺数的提高而增大，因此摩擦损失造成的 Δp_{ff} 和 Δp_{hf} 也都会增大。根据数学计算结果与图 7.8 的分析结果可知，入口流量的增加会使氧化床前后压差的差距进一步增大，从而造成氧化床内的流动更不均匀。

第二节　氧化床流动均匀性数值计算模型

通过对乏风氧化装置流场均匀性的冷态实验研究以及流动均匀性机理分析，可以初步了解氧化装置内的流场分布情况。但是，由于实验研究本身存在一定的局限性，只能有代表性地测量某几个位置的参数，不能完全细致地体现出整个流场的特性，若想通过实验工作模拟各种运行工况下装置内的流场特性，则需要耗费大量的人力、物力和时间。因此，为弥补实验研究的缺陷，本节在实验研究的基础上采用数值模拟方法对乏风氧化装置的流动均匀性做进一步研究。这样不仅可以克服实验研究本身的局限性，减少人力、物力和时间等资源的浪费，还可以借助实验对计算方法和结果进行验证，使数值模拟结果更具有可信性。

一、物理模型

以实验研究结果为基础，采用数值模拟方法研究乏风氧化装置的流动均匀性。数值模拟计算时，首先要获得待求解区域的几何模型。数值模拟计算的几何模型根据实验装置的尺寸建立，目的是方便实验结果对数值模拟结果可靠程度的验证。由于乏风氧化装置的结构比较复杂，为了简化模型和方便计算，须对其做一些必要的假设和简化。

(1)模拟冷态流场。由于研究乏风氧化装置的流动均匀性，只关心装置内流场的分布情况，而与氧化传热关系不大，故暂时不考虑氧化床内发生的化学反应，只需对乏风氧化装置的冷态流场进行研究分析即可。因此，模型建立时不考虑加热起动系统和取热系统等。

(2)假设集气箱入口速度均匀，建立二维几何模型。由于乏风氧化装置的几何结构具有对称性，在横向导流分配均匀的基础上，流场也具有对称性，故研究纵向导流对氧化装置的流动均匀性的影响，只需建立二维几何模型便可以满足计算要求。如此一来，不仅可以简化建模过程、缩短建模时间，而且可以节约大量的计算机资源。

(3)将氧化床设置为多孔介质区域。由于氧化床上密密麻麻分布着数以万计的细长管道，如果要对其逐个建模，是不可能更是不实际的，必须对其简化。可以将氧化床视作多孔介质，在遵循床内宏观流动控制方程的基础上，应用数值方法模拟其内部的流动现象。因此，在对氧化床建模时，可以将整个氧化床简化成一个长方形的多孔介质区域，无须体现出具体的床体结构。

二、数学模型

(一)流体动力学控制方程

任何流体流动都要受到物理守恒定律的支配，基本的物理守恒定律包括质量守恒定律、动量守恒定律和能量守恒定律，控制方程是这些守恒定律的数学描述[5]。

质量守恒方程又称为连续方程，是描述物质在流体运动中既不会产生也不会消灭的这一自然界最基本物理定律的基本表达方式，也是物质不生不灭这一自然规律的最直观体现，任何流动问题都必须满足该方程。该方程形式十分简单，不需要补充任何关系式便可描述流体密度 ρ 的变化规律。

动量守恒方程反映的是牛顿定律，即物体在力的作用下会做加速运动。具体来说，就是指物体所受的合力等于其相应的质量与其加速度的乘积，也可理解为流体微团所受到的力等于其动量的变化率，是任何流动系统都必须满足的基本方程。

能量守恒方程是能量守恒定律在流体力学中的具体体现。该方程描述了黏性流体在运动时的能量分布、输运转换以及耗散过程，反映了流体微团单位质量的总能量(包括内能与动能)，是包含热交换的流动系统必须满足的基本方程。

流体运动的基本方程的微分形式表示如下。

连续方程：

$$\frac{\partial \rho}{\partial t} + \nabla \cdot (\rho u) = 0 \tag{7-14}$$

动量守恒方程：

$$\rho \frac{\mathrm{d} u}{\mathrm{d} t} = \rho f + \nabla \cdot \sigma \tag{7-15}$$

能量守恒方程：

$$\rho C_\rho \frac{\mathrm{d} T}{\mathrm{d} t} + p \nabla u = (\nabla \lambda \cdot \nabla) T + \rho q - \nabla q_\mathrm{r} + \Phi \tag{7-16}$$

式中，f 为单位质量的体积力；σ 为法向应力张量，$\sigma = -p\delta + \tau$，δ 为单位张量，τ 为剪应力张量，$\tau = \lambda \delta \nabla \cdot u + 2\mu e$，$e$ 为流体变形速率张量，μ 为流体动力黏度；q 为热流通量；Φ 为黏性耗散率。

在对乏风氧化装置内流动均匀性的研究分析中，由于其目的是研究各因素对其流动均匀性的影响，为简便起见，对流体温度场的变化不作任何考虑，相应地在计算过程中不考虑式(7-16)。

(二)湍流模型

在乏风氧化装置的上、下集气箱中，流体一般呈现湍流运动状态。湍流是连续介质表现出的最为复杂的宏观运动，在湍流中流体的各种物理参数(如速度、压力、温度等)都随时间与空间发生随机的变化。从物理结构上，可以把湍流看成由各种尺度的涡旋叠加而形成的流动，其中，这些涡旋的大小及旋转轴的方向分布是随机的。大尺度的涡旋主要由流动的边界条件所决定，其尺寸可以与流场相比拟，主要受惯性的影响而存在，是引起低频脉动的主要原因；小尺度的涡漩主要由黏性力所决定，其尺寸可能只有流场尺度的千分之一的量级，是引起高频脉动的主要原因。大尺度的涡旋破裂后形成小尺度的涡旋，较小尺度的涡旋破裂后形成更小尺度的涡旋，因而在充分发展的湍流区域内，流体涡旋的尺寸可在相当大的范围内连续地变化。大尺度的涡旋不断地从主流获得能量，通过涡旋间的相互作用，能量逐级向小尺寸的涡旋传递，最后由于流体黏性的作用，小尺寸的涡漩不断消失，机械能就转化(或称耗散)为流体的热能；同时，由于边界的作用、扰动及速度梯度的作用，新的涡旋又不断产生，这就构成了湍流运动[5]。可见湍流具有随机性、扩散性、有涡性和耗散性的运动特性，造成湍流运动过程中各物理量的脉动现象。

对于湍流这种复杂的运动，虽然其内部结构很难分析清楚，但是它依然遵循连续介质的一般动力学规律，即仍符合连续方程、动量守恒方程和能量守恒方程。不过为了考察湍流脉动的影响，需将这些方程中任一瞬时参数用平均量与脉动量之和来代替，并且对整个方程进行时间平均运算。即湍流运动的基本方程与前面所介绍的流体运动基本方程结构形式一致，只是用平均量与脉动量之和(如 $u_i = \overline{u_i} + u_i'$，$p = \overline{p} + p'$)代替原方程中的瞬时参数，这里就不将其方程详细列出。

Fluent 软件中提供了多种湍流模型，如 $k\text{-}\varepsilon$ 模型、雷诺应力模型、LES 模型、标准壁面函数、双层近壁模型等。通过各湍流模型适用类型及模拟结果的比较，得出标准 $k\text{-}\varepsilon$ 两方程模型的模拟结果在整体上最接近实测值，能够体现流体运动的真实情况，因此在其后的模拟计算中均采用此湍流模型来求解乏风氧化装置内的流场特性。标准 $k\text{-}\varepsilon$ 两方程模型控制方程的表现形式如下。

k 方程：

$$\rho\left(\frac{\partial k}{\partial t} + u \cdot \nabla k\right) = \left[\left(\mu + \frac{\mu_t}{\sigma_k}\right) \cdot \nabla k\right] + G - \rho\varepsilon \tag{7-17}$$

ε 方程：

$$\rho\left(\frac{\partial \varepsilon}{\partial t} + u \cdot \nabla \varepsilon\right) = \nabla\left[\left(\mu + \frac{\mu_t}{\sigma_\varepsilon}\right) \cdot \nabla \varepsilon\right] + \frac{c_1\varepsilon}{k} \cdot G - c_2\rho\frac{\varepsilon^2}{k} \tag{7-18}$$

式中，μ_t 为湍流黏度，$\mu_t = \rho c_\mu \dfrac{k^2}{\varepsilon}$；$k$ 为湍动能；ε 为湍动能耗散率；G 为湍流生成项，$G = 2\mu_t \nabla \cdot e$；$c_1$、$c_2$、$\sigma_\mu$、$c_k$、$\sigma_\varepsilon$ 均为常数，通常称为封闭常数，其各自对应值如下：$c_1 = 1.44$，$c_2 = 1.92$，$\sigma_\mu = 0.09$，$c_k = 1.0$，$\sigma_\varepsilon = 1.3$。

(三) 多孔介质模型

多孔介质是指由连接在一起的固体基质(或颗粒)和互相连通的孔隙构成的多相体系。其中，多相体系中一定含有固体相(固体骨架)，除此之外的空间称为孔隙，孔隙中由液体或气体或气液两相占有。多孔介质的孔隙结构与多孔介质中的流动和传热特性有密切联系，是多孔介质材料的主要特征，其宏观参数包括孔隙率、渗透率、比表面积、孔隙直径及分布等[6]。现实生活中存在很多天然的或人造的多孔材料，如土壤、棉花、海绵、面包和陶瓷等，其孔隙的尺寸和结构均有很大的差异。

孔隙率(porosity)表示多孔介质中孔隙所占份额的相对大小，通常采用三种方法表示：体孔隙率 ε_v、面孔隙率 ε_s 和线孔隙率 ε_1。体孔隙率是多孔介质中孔隙容积 V_v 与多孔介质总容积 V_T 之比。其中，如果 V_v 既包含相互连通的有效孔隙，又包含滞流的死端孔隙，此孔隙率为绝对孔隙率或总孔隙率；如果 V_v 只表示有效孔隙，则此孔隙率为有效孔隙率。通常来说，孔隙率即指有效孔隙率。面孔隙率表示多孔介质表征面元上孔隙截面与总截面之比。相应的线孔隙率为多孔介质表征线元上孔隙所占线长与总线长之比。本书对多孔介质材料(蜂窝陶瓷)孔隙率的表示方法采用体孔隙率，因此，陶瓷材料的壁面孔隙率和流通方向的孔隙率分别为 0.005 和 0.59，其中，由于壁面孔隙过小，几乎没有气体通过，通常认为气体只沿轴向运动。

渗透率 K_p 是表征牛顿流体在孔隙介质中流动性质的一个重要特性参数。它表述了在一定流动驱动力推动下流体通过多孔介质材料的难易程度，也可以说是多孔介质对流体的传输能力。渗透率仅与固体骨架的结构和性质有关，而与通过的流体性质和流动机理无关。

比表面积 A_v 定义为单位体积的多孔介质中孔隙的内表面积，或者说单位体积多孔介质中固体骨架的总表面积。

孔隙直径指的是流体通过的孔隙窗口直径。一般来说，多孔介质各个孔隙直径并不一定相等，需要进行统计说明。本书采用的蜂窝陶瓷上具有大小相等、形状相同且分布均匀的孔隙，方便孔隙直径的获得。

多孔介质中流体流动的数值模拟研究是指从多孔介质宏观流动遵循的控制方程出发，利用数值方法模拟多孔介质中的流动现象，对模拟结果进行分析从而得到所需要的结果。对多孔介质中流体流动的数值模拟研究一般包括宏观流动的数值模拟和微观流动的数值模拟。但在通常的工程应用中，人们只对流体的整体流动特性(如速度分布、压力分布)感兴趣，所以从 1856 年 Darcy 开创了该方面的研究以来，大量的学者进行了有关多孔介质中流体宏观流动的实验研究和数值模拟[7]。

多孔介质模型的数值模拟方法最初是于 1974 年由 Patankar 和 Spalding 提出的，他们将其应用于模拟换热器和核反应堆中流体的流动与传热情况，结果显示模拟结果与实际情况十分贴切。至此，应用多孔介质模型模拟研究多孔介质内部的流动以及传热情况便成为一种实际有效的方法。目前，多孔介质模型已经用于研究和分析很多问题，如通过充满介质的流动，通过过滤纸、穿孔圆盘、流量分配器以及管道堆的流动等。

多孔介质模型从本质上说就是在其动量守恒方程中增加了一个动量源项，通过采用经验公式定义多孔介质上流动阻力的方法来模拟多孔介质对流动的作用。多孔介质的动量守恒方程中附加的动量源项包括两部分：一部分是黏性损失项，即方程(7-19)等号右端第一项；另一部分是惯性损失项，即方程(7-19)等号右端第二项：

$$S_i = \sum_{j=1}^{3} D_{ij} \mu v_j + \sum_{j=1}^{3} C_{ij} \frac{1}{2} \rho |v_j| v_j \tag{7-19}$$

式中，S_i 为 i 向(x, y, z)的动量源项；D 和 C 为规定的矩阵。在多孔介质单元中，动量损失对于压力梯度的贡献(压降)与流体速度(或速度的平方)成正比。

对于简单、均匀的多孔介质，可以将式(7-19)中的 D 和 C 分别定义为由$1/a$ 和 c_2 为对角单元的对角矩阵，因此方程(7-19)可简化为

$$S_i = \frac{\mu}{a} v_i + c_2 \frac{1}{2} \rho |v_j| v_j \tag{7-20}$$

式中，a 为多孔介质的渗透性，即黏性阻力系数的倒数；c_2 为惯性阻力系数。

当多孔介质中流体流动速度较小，处于层流范围时，多孔介质的渗透率只与其材料本身有关，内部的压力梯度与流动速度满足线性关系，多孔介质流动满足 Darcy 定律，即惯性损失项忽略不计，常数 c_2 设置为零，多孔介质中压力梯度和流动速度间的关系可简化为

$$\Delta p = \frac{\mu}{a} v_i \tag{7-21}$$

当多孔介质中流动速度增加到一定程度时(一般是指基于孔尺度的特征雷诺数大于 1)，流动中的惯性力作用增强，压力梯度除了用于克服黏性阻力，还要用于克服惯性力，并且速度越大，惯性力的影响越大，这时多孔介质中压力梯度和流动速度间的关系可以用 Darcy-Forchheimer 定律来描述：

$$\Delta p = \frac{\mu}{a} v_i + c_2 \frac{1}{2} \rho |v_j| v_j \tag{7-22}$$

当多孔介质中流体处于高速流动时，惯性力造成的阻力损失远大于黏性阻力对

压力梯度的影响，此时，常数 c_2 可以看成沿流动方向上单位长度的损失系数，因此压力梯度可以定义为动压头的函数：

$$\Delta p = c_2 \frac{1}{2} \rho |v_j| v_j \tag{7-23}$$

经计算，陶瓷氧化床上基于孔尺度的特征雷诺数 Re_p 在 1～100，气体在床内流动的过程中其压力梯度除了克服黏性阻力，还要克服惯性力。因此，压力梯度和流动速度间的关系采用 Darcy-Forchheimer 定律来加以描述。

另外，多孔介质模型本身还存在以下限制条件。

(1) 模型中流体通过介质时不会加速。这是因为多孔介质中实际存在的阻塞并没有在模型中出现，所以不能够正确地描述流体流经介质时的过渡阶段，这对于过渡流来说有很大的影响。

(2) 多孔介质对于湍流的影响只是近似的。默认情况下，Fluent 是通过求解标准守恒型方程计算多孔介质中的湍流变量的。因此，在多孔介质计算过程中，通常假设固体介质对湍流的生成和耗散没有影响。该假设只有在多孔介质的渗透率很大而且介质的几何尺度对湍流涡结构没有影响时才是合理的，否则便会压制介质对湍流的作用。当介质对湍流的作用需要考虑时，可以忽略流动中的湍流，即假定多孔介质中的流动为层流。例如，本书模拟计算中使用标准 k-ε 两方程模型时，可以通过将湍流黏度 μ_t 设为零的方式体现出介质对湍流的影响。将湍流黏度 μ_t 设置为零，只需在 Fluid(流体)面板中将多孔介质区设为 Laminar Zone(层流区)选项，而如果去掉该选项(默认情况)，则意味着多孔介质中的湍流会像大体积流体流动一样被计算。

(四)网格的划分

对于数值模拟计算来说，在确定计算区域的几何模型后，需要对几何模型进行区域离散，也就是把空间上连续的计算区域划分成许多子区域，并确定每个区域的节点，用一组有限的离散点来代替原来的连续空间，从而生成网格。网格划分对计算精度和计算效率有着极其重要的影响。网格划分的原则一般包括以下几方面。

(1) 网格的数量。网格数量将直接影响计算精度和计算规模。一般来讲，网格数量增加，计算精度会有所提高，但同时计算时间也会延长，所以在确定网格数量时应综合考虑这两个因素。网格较少时增加网格的数量可以使计算精度明显提高，而计算时间不会有太大的延长；当网格数量增加到一定的程度后，再急速增加网格时计算精度的提高甚微，而计算时间却大幅度延长。因此，应注意增加网格的经济性。实际应用时可以比较两种网格划分的计算结果，如果两次计算结果相差较大，可以继续增加网格，相反则停止计算。本书为了消除网格对计算精度的影响，生成粗、细两种网格，其中细网格是在粗网格的基础上沿横向和纵向加密而成的。

(2) 网格的疏密。网格的疏密是指在结构不同的部位采用大小不同的网格，这是为了适应计算数据的分布特点。在计算数据变化梯度较大的部位，为了更好地反映数据的变化规律，需要采用比较密集的网格；而在计算数据变化梯度较小的部位采用较稀疏的网格。这样整个结构便出现了疏密不同的网格划分形式，既满足了计算精度的要求，又缩短了计算时间。本书网格划分时在靠近集气箱壁面以及氧化床进出口位置等数据变化梯度较大的区域采用较密集的网格，在其他区域采用较稀疏的网格，近壁区域默认采用标准壁面函数。

（3）网格的质量。网格质量是指网格几何形状的合理性。网格质量直接影响计算精度，质量太差的甚至会终止计算。网格的质量可用细长比、锥度比、内角、翘曲量、拉伸值、边界点位置偏差等指标度量。直观上看，网格各边以及各内角相差不大、网格面不过分扭曲、边界点位于边界等分点附近的网格质量较好。在重点研究的结构关键位置，应保证划分高质量网格，即使个别质量很差的网格也会引起很大的局部误差。而在结构次要的部位，网格质量可以适量地降低要求。在 Fluent 中可以自动检查网格的质量，绿色条格越靠前表明网格质量越好，而靠后的条格所代表的部分网格的质量较差。本书均采用计算精度较高的结构化网格对几何模型进行划分。

图 7.9 为乏风氧化装置的网格划分示意图，数值计算中采用 Fluent 的前处理软件 Gambit 对装置进行几何建模和网格划分，其中，网格统一采用精度较高的四边形结构化网格。另外，由于近壁区域内雷诺数较低，湍流发展不充分，故近壁面处采用标准壁面函数进行处理，而对装置其余部分，在计算数据变化梯度较大的部位采用比较密集的网格，在计算数据变化梯度较小的部位采用较稀疏的网格。

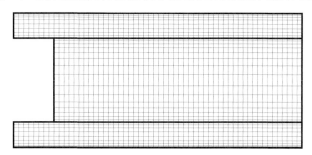

图 7.9　乏风氧化装置网格划分示意图

三、边界条件

（一）入口边界条件

对于乏风氧化装置入口边界条件的确定，通常的做法是采用速度入口边界条件或流量入口边界条件。由于在建模时假设装置入口速度分布均匀，为了简便起见，本书采用速度入口边界条件。其中，入口边界上湍动能 k 及湍动能耗散率 ε 采用文献[6]

推荐的计算方法：

$$k = \frac{3}{2}(\overline{u}I)^2 \tag{7-24}$$

$$\varepsilon = c_\mu^{3/4} \frac{k^{3/2}}{l} \tag{7-25}$$

式中，c_μ 为常数，取 0.09；$\overline{u}$ 为入口处流动速度平均值；l 为湍流长度；I 为湍流强度，定义为

$$I = u'/\overline{u} = 0.16(Re_{DH})^{-1/8} \tag{7-26}$$

其中，u' 为流动速度脉动值。

一般认为 I 低于 1%为低强度湍流，高于 10%为高强度湍流，经计算本书中入口处湍流现象较明显，取 $I = 0.475$，$l = 0.00233$。

(二)出口边界条件

乏风氧化装置出口设置为压力出口边界条件，并假设流动充分发展，即出口边界的法向上的一阶导数为 0。出口边界上湍动能 k 及湍动能耗散率 ε 的确定方法与入口边界条件的方法相同。

(三)壁面边界条件

湍流流场在固体壁面附近，无论是速度、温度和浓度等参数本身还是它们的输运参数都会发生剧烈的变化。这种变化主要是由于随着壁面的邻近，湍流脉动迅速减小，而层流输运相对增加，造成湍流发展不充分。如此一来，该区域内就不能使用前面建立的标准 k-ε 两方程模型进行计算，必须采用特殊的计算方式。解决的方法有两种：一是采用壁面函数法。壁面函数就是根据实验和半经验理论导出的用于计算近壁区域的流体输运参数和壁面通量的关系式。它跨越黏性底层，把壁面和湍流核心区的流体参数联系起来。采用壁面函数法时，在边界层的黏性底层不设置网格节点，而把与壁面相邻的第一个节点布置在充分发展的湍流区即可。这样，不需要对壁面区域的流动进行求解，就可根据半经验公式(壁面函数)直接得到与壁面相邻控制体积节点变量值。二是采用低雷诺数 k-ε 模型。该方法需要在壁面附近划分比较细密的网格(越靠近壁面，网格越细)，是对近壁面区域的流动进行更细致研究的一种方法。

由于近壁区域流体的流动情况对乏风氧化装置流动均匀性的研究没有多大意义，加上网格的过分细化会导致计算量的急剧增加，因此，本节采用无滑移的壁面边界条件，其中所采用的壁面函数基于以下假设。

(1)速度等量的梯度正交于壁面，看作与壁面垂直的一维变化。

(2)压力梯度和体积力的影响忽略不计，边界层内剪切应力均布。

(3)湍动能的产生和耗散处于平衡状态。

(4)在剪切层内湍流尺度呈线性变化。

关于壁面函数，此处引入两个无量纲的参数 u^+ 和 y^+，分别表示速度和距离。

$$u^+ = \frac{u}{u_\tau} \tag{7-27}$$

$$y^+ = \frac{\Delta y_p \rho u_\tau}{\mu} = \frac{\Delta y_p (c_\mu^{1/4} k_p^{1/2})}{\mu} \tag{7-28}$$

式中，u 为流体的时均速度；u_τ 为壁面摩擦速度，$u_\tau = \sqrt{\tau_w/\rho}$，$\tau_w$ 为壁面剪切应力，$\tau_w = \rho c_\mu^{1/4} k_p^{1/2} u_p / u^+$；$\Delta y_p$ 为 P 点到壁面的距离，m；μ_τ 为流体的湍流黏度；c_μ 为经验常数，取 0.0845；k_p 为 P 点处的湍动能。

当与壁面相邻的控制体积的节点满足 $y^+ > 11.63$ 时，流动处于湍流充分发展区域，根据式(7-28)，靠近壁面处第一层网格的高度可以计算为 $\Delta y_p > 0.000872\text{m}$。

(四)氧化床的处理

氧化床被当作多孔介质区域处理，其中，黏性阻力系数和惯性阻力系数通过实验数据计算获得。由于蜂窝陶瓷属于各向异性的多孔介质，其他两个方向的阻力系数远大于轴向流动方向的阻力系数。其中，轴向流动方向的阻力系数已经通过实验计算得到，而其余方向的阻力系数虽然可能是无穷大，但是在计算中只需将其限制在主流方向阻力系数的 1000 倍以内即可。

第三节　装置结构因素对流动均匀性的影响

一、乏风氧化装置的流型结构对流动均匀性的影响

根据上、下两集气箱的布置方式，乏风氧化装置的内部流场有两种典型的流型结构，即 Z 形和 U 形(图 7.10)。Z 形是指分配集箱和汇集集箱中气体的流动方向相同，使得装置内形成类似 Z 形的流体流动；而 U 形的两集气箱中流动方向相反，形成类似 U 形的流体流动。氧化床内流体的分布状况归根结底取决于上、下两集气箱中流体沿程的压力变化情况。因此，通过上、下集气箱中静压的变化规律来具体分析 Z 形和 U 形这两种流型对流动均匀性的影响，从而选择出有益于乏风氧化装置流动均匀性的流型结构。

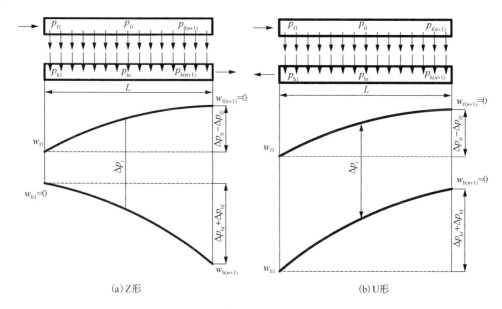

(a) Z形　　　　　　　　　　　　　　(b) U形

图 7.10　Z 形和 U 形结构及对应集气箱中工质压力变化曲线

　　集气箱中静压的变化规律主要受以下两方面因素的制约：①集气箱中的沿程摩擦阻力；②分流和汇流造成集气箱中流体动量的沿程变化。对比 Z 形和 U 形两流型结构，显然，两者分配集箱中流体的流动情况没有区别，不同的只是汇集集箱中流体的流动方向。如图 7.10(a) 所示，Z 形乏风氧化装置中，假设以分配集箱中气体的流动方向为正，由于摩擦阻力和动量转换联合作用的影响，分配集箱中的静压沿正方向增加了 ($\Delta p_{fr} - \Delta p_{ff}$)，汇集集箱中的静压沿正方向降低了 ($\Delta p_{hr} + \Delta p_{hf}$)，两集气箱作用的叠加结果使氧化床中静压 Δp_i 迅速降低，氧化床前后的 Δp_i 变化较明显。如图 7.10(b) 所示，U 形乏风氧化装置中，同样假设以分配集箱中气体的流动方向为正，由于摩擦阻力和动量转换联合作用的影响，分配集箱中的静压沿正方向也增加了 ($\Delta p_{fr} - \Delta p_{ff}$)，而与 Z 形乏风氧化装置的汇集集箱中静压变化不同的是 U 形的汇集集箱中的静压沿正方向增加了 ($\Delta p_{hr} + \Delta p_{hf}$)，如此一来，两集气箱中静压变化量可互相抵消一部分，使氧化床中的静压 Δp_i 较小。显然，沿正方向 Z 形乏风氧化装置氧化床内的静压 Δp_i 的变化程度较 U 形的剧烈，即 U 形乏风氧化装置的流动均匀性明显优于 Z 形乏风氧化装置。

　　在理论分析的基础上，通过数值模拟方法比较 Z 形和 U 形这两种流型结构的乏风氧化装置中流动均匀性的情况。数值模拟结果如图 7.11 所示，同样以分配集箱中气体的流动方向为正，可以看出模拟结果与理论分析相一致，从而进一步验证了该数值模拟方法的可靠性。

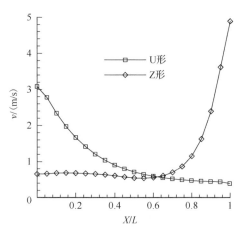

图 7.11　乏风氧化装置流型结构对流动均匀性的影响

二、集气箱结构对流动均匀性的影响

乏风氧化装置属于大型的气体处理装置，由于矿井乏风量巨大，为确保氧化装置单机处理量，势必要求氧化床具有很大的乏风氧化处理能力，因此装置内整个氧化床的流通面积巨大。如此巨大的流通面积下，要保证氧化床截面乏风分配的均匀性不是一件容易的事情，集气箱的作用就是尽可能均匀地将气体分配到氧化床内。因此，为确保乏风氧化装置内气体的流动均匀性，对集气箱相关因素的研究是十分必要的。

（一）集气箱形状的影响分析

乏风氧化装置上安装有上、下两个集气箱：分配集箱和汇集集箱。分配集箱的作用是将鼓风机送入的乏风尽可能均匀地分配到氧化床内，而汇集集箱的作用则是将氧化床内乏风氧化反应的生成物加以汇集，最终经引风机排出氧化装置。由于乏风氧化装置为逆流装置，为了保证在一个周期内(即两个半周期，每半个周期进行一次换向)氧化床内气流分布相同，上、下两个集气箱的设计完全相同。

图 7.12 中给出了四种形状的集气箱：矩形集箱、矩形(带圆角)集箱、梯形集箱、倒梯形集箱。这里仅画出了分配集箱的示意图，汇集集箱与对应分配集箱的形状相同。

在其他因素相同的情况下，运用数值模拟方法研究不同集气箱形状

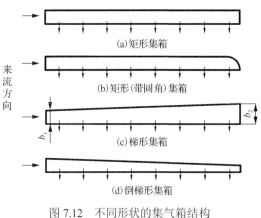

图 7.12　不同形状的集气箱结构

对流动均匀性的影响。模拟结果如图 7.13 所示,在 4 种形状集气箱结构中,安装梯形集箱(图 7.12(c))的乏风氧化装置的流动均匀性最好,矩形集箱(图 7.12(a))和矩形(带圆角)集箱(图 7.12(b))的次之,而倒梯形集箱(图 7.12(d))的最差。其中,相比矩形集箱,末端带有圆弧过渡的矩形(带圆角)集箱对装置的流动均匀性没有显著改善。

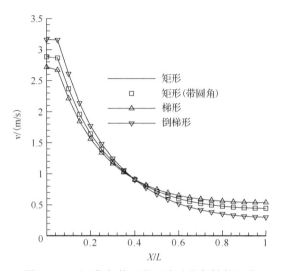

图 7.13　不同集气箱形状对流动均匀性的影响

梯形集箱沿流体流动方向的流通面积逐渐变大,相应的流体沿程流动的摩擦阻力会逐渐减小,因此,克服摩擦阻力产生的压降也较小,进而造成分配集箱中静压增长得较快,而汇集集箱中静压降低得较慢。如此一来便缩小了氧化床前后压差的差距,使得更多的流体继续在分配集箱中流动,以便于流向更远处的氧化床内,减轻氧化床前后乏风分配不均的情况,提高流体流动的均匀性。

(二)集气箱高度的影响分析

图 7.14 和图 7.15 为不同集气箱高度下氧化床内的流动均匀性情况。从图中可以看出,集气箱高度越小,氧化床内的流动均匀性越差,而随着集气箱高度的增加,流动均匀性明显提高。但是当集气箱高度达到一定程度后,增加集气箱高度则对氧化床内流动均匀性的改善程度逐渐减弱。为了能够更清楚、更形象地比较集气箱高度对床内流动均匀性的影响,采用流动均匀性指数对其进一步分析。在集气箱宽度一定的情况下,随着集气箱高度的增加,集气箱中的流通面积明显变大,一方面,从速度角度,由于入口流量相同,流通面积大,集气箱内气体的流动速度就小,进而降低了流动过程中的阻力,使得相比流通面积较小的集气箱来说会有更多的流体继续沿集气箱运动,而流到更远的氧化床内,减少了氧化床前后流量分配的差距;

另一方面，从压力角度，摩擦阻力减小，克服阻力产生的压降就会减小，进而造成分配集箱中静压增长得较快，而汇集集箱中静压降低得较慢，在两集气箱中静压变化的叠加作用下，氧化床前后压差的变化较小，其中的流动均匀性就会显著提高。可见，在乏风氧化装置流动均匀性的优化中，集气箱高度是一个关键的参数。

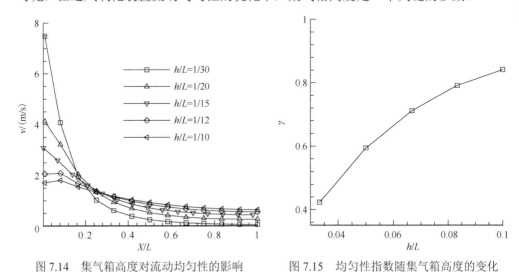

图 7.14　集气箱高度对流动均匀性的影响　　　图 7.15　均匀性指数随集气箱高度的变化

第四节　装置进气导流的流动均匀性研究

常规设计中，氧化床内乏风的分配是不均匀的，靠近装置入口处氧化床区域的流量较大，而随着气体在分配集箱中的继续前进，进入床层的流量逐渐减小。这一气流分布对于小型的氧化装置勉强可行，但对于乏风处理能力达数万立方米每时以上的大型装置，由于床体较长、入口流通面积较大，进入氧化床前后的气体偏差量着实较大，给乏风氧化装置的稳定、安全运行带来了很大的考验。因此，必须采取有效措施，迫使装置内流体分布趋于均匀，通常在集气箱中安装导流板是改善氧化床气流分布的有效措施之一，该方法既简便又行之有效。本节采用数值模拟方法研究集气箱中导流板对装置流动均匀性的影响，并着重分析导流板板形、板长、数量以及安置方式对流动均匀性的影响规律，根据数值模拟结果的对比，从而确定导流板的最佳安装方案。

图 7.16 为安装导流板后氧化装置的几何模型以及相应的网格示意图。为了保证在一个周期内(即两个半周期，每半个周期进行一次换向)氧化床内气流大小分布一致，上下两集气箱中导流板的安置对称。

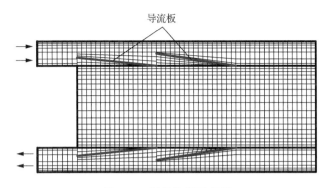

图 7.16　氧化装置示意图

一、导流板安置方式对流动均匀性的影响

为了优化装置结构，实现氧化床横截面气流均匀分布，本节以直板为例给出两种导流板安置方案，如图 7.17 所示。

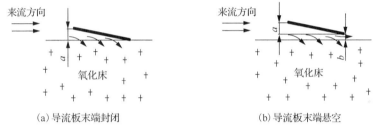

(a) 导流板末端封闭　　　　　　　　　(b) 导流板末端悬空

图 7.17　导流板安置方式示意图

方案一：导流板末端封闭(plane-1)。如图 7.17(a)所示，导流板末端与氧化床之间没有气体通过，将氧化床格局化。其中，a 为相对进气高度。

方案二：导流板末端悬空(plane-2)。如图 7.17(b)所示，导流板末端与氧化床之间允许气体通过，气流贯通整个集气箱。其中，b 为悬空高度，a 为相对进气高度。

为了研究这两种导流板安置方式对流动均匀性的影响，在导流板板形(直板)、板长(全板)、数量(两块)等条件不变的前提下，模拟装有导流板的乏风氧化装置的流场。图 7.18 给出了这两

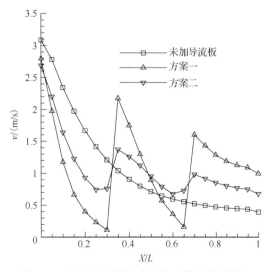

图 7.18　导流板安置方式对流动均匀性的影响

种导流板安置方案与未加导流板的模拟结果对比，曲线显示的是各情况对应的氧化床横截面的速度分布趋势，同时表 7.2 中也给出了相对应的流动均匀性指数。

表 7.2　不同导流板安置方式的流动均匀性指数

导流板安置方式	未加导流板	加入导流板	
		方案一	方案二
γ	0.713	0.759	0.846

从图表中可以明显看出，导流板的添加对改善氧化床内气流分布均匀性具有显著的作用。末端悬空的导流板对流动均匀性的影响明显好于末段封闭的导流板，并且对应的氧化床横截面的速度分布连续性较好，在两导流板交界处不会发生较大的波动。究其原因主要是导流板末端封闭会使得气流在末端封闭处发生阻塞，造成气流不流通，使得末段封闭处静压无穷大，气流很难克服阻力流到此处，进而对应的氧化床区域的流量减少，造成氧化床横截面速度分布曲线连续性较差，甚至曲线断裂；而导流板末端悬空不仅起到了初步流量分配的作用，不会使过多的气体进入氧化床前端，而且保证了集气箱中气流的流通性。

二、导流板板形对流动均匀性的影响

集气箱中导流板的作用是让乏风尽可能均匀地分配流入氧化床的陶瓷孔道内。导流板的几何形状是影响流动均匀性的重要因素之一。图 7.19 给出三种导流板板形的几何定义，a 为相对进气高度，这里对应位置不同板形导流板的相对进气高度均相等；L 为相对半长。

(a)直板　　　　　　　　(b)弯板　　　　　　　　(c)梯形板

图 7.19　导流板板形示意图

在导流板安置方式(末端悬空)、板长(全板)、数量(两块)等条件不变的前提下，研究三种导流板板形(直板、弯板、梯形板)对装置流动均匀性的影响。图 7.20 和表 7.3 中给出的是模拟该三种导流板板形所对应的氧化床横截面的速度分布曲线和均匀性指数。从图表中可以明显看出弯板的流动均匀性最好、流动均匀性指数最大，并且对应入口处氧化床内的速度峰值最小，梯形板的次之，直板的最差。

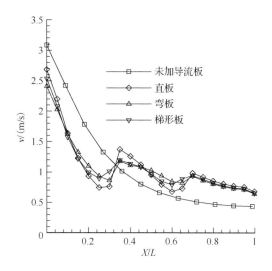

图 7.20　导流板板形对流动均匀性的影响

表 7.3　不同导流板板形的流动均匀性指数

板形	未加导流板	板形		
		直板	弯板	梯形板
γ	0.713	0.846	0.871	0.869

　　另外，如图 7.21 所示，从能耗损失来看，添加弯板的装置进出口阻力损失也最小，梯形板的次之，直板的最差。这也与导流板本身几何形状有关，弯板外部轮廓能够更好地贴合流线轨迹，减少漩涡、气流分离等情况，从而降低能耗。综合以上分析，从工程制造角度考虑，由于弯板加工、安装比较复杂，在一定程度上可以考虑使用流动均匀性和能耗次之的梯形板。

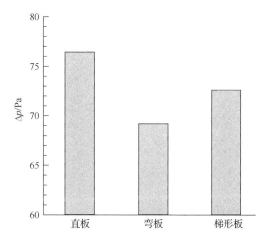

图 7.21　不同导流板板形对应的装置进出口阻力损失

三、导流板板长对流动均匀性的影响

在导流板安置方式(末端悬空)、板形(梯形板)、数量(两块)等因素相同的情况下，研究导流板板长对流动均匀性的影响。从图 7.22 和表 7.4 中显示的模拟结果可以看出，全板的流动均匀性最好，对应入口处的氧化床内的速度峰值也最小，并且导流板板长越短，对应氧化床内的气流分布均匀性越差。这是因为导流板只能直接影响板投影区域氧化床内的流量分配均匀性和区域速度峰值，而对于没有板的区域则起到拦截流体的作用，使得更多流体进入板前的氧化床内，减少了板后氧化床的流量，进而造成氧化床前后流量偏差加大，流量分配不均匀。

表 7.4　不同导流板板长的流动均匀性指数

板长	未加导流板	板长			
		0.25L	0.5L	0.75L	L
γ	0.713	0.676	0.725	0.794	0.869

另外，如图 7.23 所示，从能耗方面考虑，安装全板的氧化装置进出口阻力损失也是最小的。这是因为非全板在导流过程中起到了两个作用：一是相对来说改善了板对应区域的流体分布均匀性；二是对没有板覆盖的氧化床区域拦截流体。非全板对流体的拦截作用强制改变了流体的流动方向，是造成阻力损失急剧增大的主要原因。

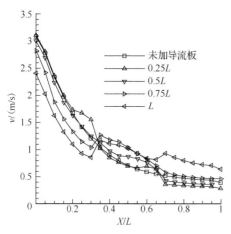
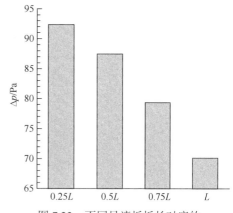

图 7.22　导流板板长对流动均匀性的影响　　　图 7.23　不同导流板板长对应的装置进出口阻力损失

四、导流板数量对流动均匀性的影响

导流板数量也是影响流动均匀性的重要因素之一。在导流板安置方式(末端悬空）、板形（梯形板）、板长（全板）等因素相同的情况下，研究导流板数量对流动均匀性的影响，数值模拟结果如图 7.24 和表 7.5 所示。

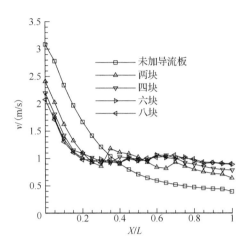

图 7.24 导流板数量对流动均匀性的影响

表 7.5 不同导流板数量的流动均匀性指数

数量	未加导流板	弯板数量			
		两块	四块	六块	八块
γ	0.713	0.869	0.911	0.928	0.928

从图表中可以看出，一定程度上，导流板的数量越多，对应氧化床内的气流分布越均匀，靠近入口的氧化床内速度峰值也越小。这是因为导流板数量越多，分配集箱对流量的初步分配越细致，降低了分配集箱中前后流量分配的偏差，进而改善了氧化床内流量分布的均匀性。此外，在集气箱高度不变的情况下，导流板的数量越多，对应第一块导流板的相对进气高度就越低，从而靠近入口的氧化床内气流速度就越小。当导流板数量达到一定程度后，增加导流板的数量则对进一步改善气流均匀性的作用不大，如图 7.24 所示，导流板数量为六块和八块时对应的氧化床横截面速度分布几乎重合。

另外，如图 7.25 所示，从能耗方面考虑，随着安装导流板的数量增

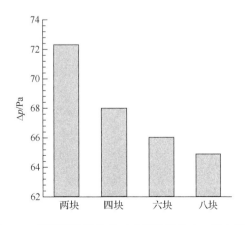

图 7.25 不同导流板数量对应的装置进出口阻力损失

多，氧化装置进出口的阻力损失不但没有增大反而减小。综合以上分析，从工程制造、安装角度考虑，选择安装能够满足流动均匀性要求的六块导流板即可。

参 考 文 献

[1]　帅石金，王建昕，庄人隽. CFD 在车用催化转化器结构优化设计中的应用. 汽车工程, 2000, 22(2): 129-133.

[2]　WELTENS H, BRESSLER H, TERRES F, et al. Optimisation of catalytic converter gas flow distribution by CFD prediction. SAE Technical Papers 930780, 1993.

[3]　SCHEIDEGGER A E. The physics of flow through porous media. New York: The Macmillan Company, 1960.

[4]　宋续祺，汪展文，金涌，等. 移动床径向反应器中流体力学行为的研究. 化工学报, 1992, 43(3): 268-274.

[5]　王福军. 计算流体动力学分析: CFD 软件原理与应用. 北京: 清华大学出版社, 2004.

[6]　刘伟，范爱武，黄晓明. 多孔介质传热传质理论与应用. 北京: 科学出版社, 2006.

[7]　陈金娥，蒋锦良. 圆管内流体进入多孔介质的流动分析与计算. 水动力学研究与进展(A 辑), 2001, 16(3): 344-350.

第八章 乏风逆流氧化的取热特性

第一节 氧化床高温区两侧内置换热器取热技术

煤矿乏风瓦斯氧化后的热量一部分用于补偿装置散热损失与排气损失，维持氧化床的氧化温度，另一部分剩余热量可以取出并加以利用[1]。目前绝大多数氧化装置采用氧化床高温区两侧内置换热器取热技术。但该技术中取热量对氧化装置性能有重要影响：取热量过少，将造成氧化床温度偏高，降低装置运行的可靠性和热量的利用率；取热量过多，将使氧化床高温反应区的温度降低，导致甲烷不能完全氧化，甚至氧化装置不能自维持运行。自煤矿乏风瓦斯热逆流氧化技术诞生以来，如何有效地利用乏风瓦斯氧化放出的热量一直是研究的热点。

氧化床高温区两侧内置换热器取热技术在蜂窝陶瓷氧化床中心高温反应区两侧对称布置两层换热器，每层换热器有多根换热管[1-3]。为了避免换热器前后氧化床温差过大，导致煤矿乏风不能加热到氧化温度，在换热管之间填充分流蜂窝陶瓷。换热管上均匀布置着 H 形翅片，一方面用于强化换热，另一方面支撑蜂窝陶瓷，防止换热管堵塞氧化床蜂窝陶瓷的气流通道。氧化床蜂窝陶瓷与分流蜂窝陶瓷将换热管围在一个狭小的有限空间内，如图 8.1 所示。这种取热方式可以有效综合解决运行阻力和温差过大的问题，因而获得了广泛应用。

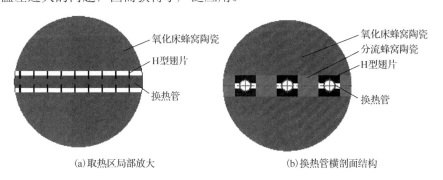

(a)取热区局部放大　　　　　　　　(b)换热管横剖面结构

图 8.1　取热区局部放大及换热管横剖面结构示意图

由于煤矿乏风流动方向交替变换，换热器的取热是一个温度场周期性变化的对流、辐射并伴有分流蜂窝陶瓷蓄放热的耦合传热过程，传热机制非常复杂。山东理工大学在前期工作中曾对其进行了初步探索，在稳态和没有分流蜂窝陶瓷的条件下，研究了氧化床蜂窝陶瓷内置换热器瞬态传热机理，揭示了氧化床结构参数和运行参数对换热器传热过程的影响机制。

由于煤矿乏风流动方向交替变换，氧化床入口侧温度逐渐降低，出口侧温度逐渐升高；煤矿乏风流动方向变换后，氧化床的温度变化趋势则相反。因此，整个氧化床的温度分布是一个周期性变化的动态过程。在换热器、氧化床蜂窝陶瓷、分流蜂窝陶瓷、热风共存的取热区内，换热器处于氧化床蜂窝陶瓷和分流蜂窝陶瓷围成的狭小空间内，换热器与周围介质的传热方式和传统的大空间换热器的传热方式有着明显的区别。

当取热区蜂窝陶瓷处于放热阶段(氧化床预热煤矿乏风)时，整个取热区的蜂窝陶瓷和气体的温度不断降低：①一部分煤矿乏风进入狭小空间，与翅片换热管进行直接的强制对流传热。煤矿乏风绕流翅片换热管受到周围蜂窝陶瓷以及翅片本身的限制和干扰，与大空间流体横掠单管的强制对流传热机理不同。②另一部分煤矿乏风进入分流蜂窝陶瓷，被分流蜂窝陶瓷加热，温度进一步升高；分流蜂窝陶瓷同时通过辐射、对流加热狭小空间的煤矿乏风、翅片换热管。③氧化床蜂窝陶瓷通过辐射加热翅片换热管。

当取热区蜂窝陶瓷处于蓄热阶段(煤矿乏风瓦斯氧化后的热气体加热氧化床)时，整个取热区的蜂窝陶瓷和气体的温度不断升高：①一部分热气体进入狭小空间，与翅片换热管和分流蜂窝陶瓷进行直接的强制对流传热，加热翅片换热管和分流蜂窝陶瓷。②另一部分热气体进入分流蜂窝陶瓷，加热分流蜂窝陶瓷。③氧化床蜂窝陶瓷通过辐射加热翅片换热管。

由上述分析可以看出，换热器的取热是一个温度场周期性变化的对流、辐射并伴有蓄放热的耦合传热过程，传热机制非常复杂。为了更清晰地确定它们的关系，首先在准定常条件下研究氧化床取热区内置翅片换热器复合传热机理，在该条件下，去除分流蜂窝陶瓷蓄放热的影响，仅考虑翅片换热器在蜂窝陶瓷围成的狭小空间内的复合传热机理；然后研究周期性逆流条件下氧化床取热区内置换热器复合传热机理，确定蓄放热与复合传热的耦合作用。

第二节　　取热区准定常传热特性实验研究

乏风逆流氧化床内置换热器的取热是一个温度场周期性变化的对流、辐射并伴有分流蜂窝陶瓷蓄放热的耦合传热过程，传热机制非常复杂，且分流蜂窝陶瓷蓄放热的作用难以有效表征。为了更清晰地确定各传热分量的相互关系，并明确分流蜂窝陶瓷蓄放热的作用，首先研究在没有分流蜂窝陶瓷蓄放热情况下(准定常条件下)的翅片换热器复合传热机理，然后研究存在分流蜂窝陶瓷蓄放热条件下内置换热器的瞬态复合传热机理，通过对比确定蓄放热与复合传热的耦合作用。

本节在建立准定常取热研究实验台的基础上，对取热区在准定常条件下的传热特性进行实验研究。

一、准定常取热研究实验台的组成

为了实现蜂窝陶瓷蓄热体构成的狭小空间内 H 形翅片换热管的传热机理与传热特性的研究，建立准定常取热研究实验台。该实验台包括热风系统、水路系统。实验台的示意图如图 8.2 所示。

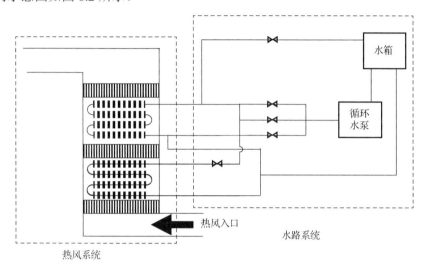

图 8.2　实验台示意图

热风系统用于提供一定温度和质量流量的热风。采用液化气燃烧器燃烧获得热风，通过调整燃烧和燃烧后烟气与空气的混合，获得较为稳定可控的热风温度。

热风系统主要由燃料供应装置、燃烧器、冷风机、高温风机及炉体组成。

本实验仅针对换热器的管外换热系数。实验过程中工质水采用常温液态水，管内换热系数无穷大，因而换热器管外壁表观传热系数可以采用式(8-1)计算：

$$\alpha = \frac{m_{\mathrm{w}}\left(C_{\mathrm{pw,out}}T_{\mathrm{w,out}} - C_{\mathrm{pw,in}}T_{\mathrm{w,in}}\right)}{F\left(T_{\mathrm{a,av}} - T_{\mathrm{w,av}}\right)} \tag{8-1}$$

式中，m_{w} 为工质总质量流量，kg/s；$T_{\mathrm{w,out}}$ 为换热器出口工质温度，K；$T_{\mathrm{w,in}}$ 为换热器入口工质温度，K；$T_{\mathrm{a,av}}$ 为热乏风进出口平均温度，K；$T_{\mathrm{w,av}}$ 为换热器进出口平均温度，K；$C_{\mathrm{pw,out}}$ 为换热器出口工质在 $T_{\mathrm{w,out}}$ 下的比定压热容，J/(kg·K)；$C_{\mathrm{pw,in}}$ 为换热器入口工质在 $T_{\mathrm{w,in}}$ 下的比定压热容，J/(kg·K)；F 为换热器管外传热面积，m^2。

从式(8-1)中可以看出，计算换热器外壁传热系数需要测试的量为工质的进出口温度和乏风的进出口温度。

实验中需要进行温度采集，主要包括工质经过换热器后的温升，工质进入换热器时的温度，工质流出换热器时的温度，热风、蜂窝陶瓷的温度，换热器管外壁的温度以及各温度测量仪器的温度补偿。

　　为了研究 H 形翅片管在狭小空间中的对流传热特性，需要获得中心管和翅片的温度分布，而中心管的温度分布需要分别讨论沿换热管的轴向及周向上的温度分布。在周向上，以翅片为对称面，两面是一样的，只需要取得一侧的温度值即可，因而选取轴向上五个测点(T_{a1}~T_{a5})，沿着管子的周向温度分布也有很多点可以选取。为了能够更有效地计算管子的表面温度，在翅片与对称面之间距离的中点所在截面截取的换热管的截面周向上布置五个测点 T_{c1}~T_{c5}，如图 8.3 所示，其中 T_{a3} 和 T_{c3} 重合。

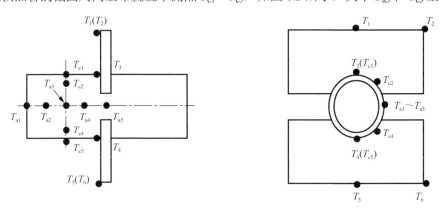

图 8.3　换热管外壁温度测点布置

　　为了研究翅片的传热特性，需要选取翅片上的特征点进行分析，而 H 形翅片最具代表性的点包括角点和边点，同时要考虑翅片处于气流中的迎风侧还是背风侧。由于所处位置不同，会有较大的区别，因而需要选取迎风侧和背风侧共两个角点和两个边点。本书选取翅片的角点(T_2 和 T_6)、边点(T_1 和 T_5)与管子焊接的两点(T_3 与 T_4)。

二、取热区内 H 形翅片管传热实验研究

(一)取热区内 H 形翅片管换热器外壁传热系数随热风工况变化

　　对翅片管传热影响较大的因素主要是温度和流速，因此本书组织两组实验，分别为工况组一(雷诺数保持基本不变，改变入口温度)和工况组二(保持入口温度不变，改变入口的雷诺数)，两组实验的工况参数如表 8.1 所示。

表 8.1　传热实验工况参数

工况组 1 参数	工况编号	工况 1-1	工况 1-2	工况 1-3	工况 1-4	工况 1-5
	入口温度/K	873	948	1023	1098	1173
	Re	763.1	768.7	764.4	770.0	765.6
工况组 2 参数	工况编号	工况 2-1	工况 2-2	工况 2-3	工况 2-4	工况 2-5
	入口温度/K	1023	1023	1023	1023	1023
	Re	652.3	708.3	764.4	820.4	876.4

1. 入口温度的影响

(1) 对翅片温度的影响。

改变入口温度，通过传热实验得到 $T_1 \sim T_6$ 随入口温度的变化如图 8.4 所示。靠近管壁的 T_3 和 T_4 的温度非常接近，且不随入口温度的改变而发生变化，说明管内的传热十分强烈，主要的热阻发生在管外的气体对流传热部分(管内传热强烈，所以来流能快速地与管内流体进行传热，可以保持管壁温度基本不变，其他地方由于存在热阻，传热不那么强烈，所以会造成温度的升高)。

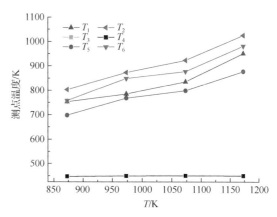

图 8.4 不同入口温度时各测点的温度

其他温度测点(T_1 和 T_2，T_5 和 T_6)与入口温度呈现良好的线性关系，均随着入口温度的升高而不断增大。这说明入口温度对传热特性的影响非常明显。

从温度数值上来看，角点(T_2 和 T_6)的温度相对较高，边点(T_1 和 T_5)的温度相对较低。迎风面温度(T_1 和 T_2)相对较高，背风面温度(T_5 和 T_6)温度相对较低。总之，翅片顶端温度与翅片根部温度之差随着入口温度的升高而不断增大。以出现最大温度差的角点 T_2 为例，入口温度从 873K 上升到 1173K，温度升高 300K，而翅片的端部与根部的温差由 362K 迅速上升到 614K，温差提高了 251K。

由图中数据还可以看出，角点 T_2 的斜率最大，说明上游角点温度随入口温度的变化最为迅速，其次为角点 T_6，下游角点则相对上游角点变化略慢，但与上游边点 T_1 差别并不十分明显，下游边点 T_5 相对较小，而壁面的 T_3 和 T_4 斜率非常小，几乎不随入口温度而变化，说明管内传热十分强烈，管外壁近似等温。即使如此，迎风面 T_3 的斜率还是略微大于背风面 T_4。

因此对入口温度变化敏感度的排列依次为 T_2、T_6、T_1、T_5、T_3、T_4。

(2) 对传热系数的影响。

入口温度对 H 形翅片管传热特性的影响如图 8.5 所示。随着入口温度的升高，填充床内置换热器外壁传热系数明显增大，主要原因如下：①入口温度升高，蜂

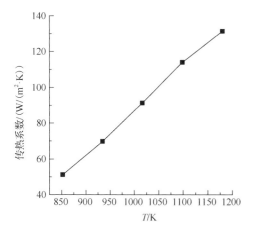

图 8.5 入口温度对传热系数的影响

窝陶瓷、炉墙与换热器外壁的温度随之升高，换热器外壁辐射传热强化；②蜂窝陶瓷将取热区分成换热器内置空间与蜂窝陶瓷填充区，两区域阻力不匹配，这种阻力不匹配程度会随着热风流速的增大而加剧，热风会重新分配，随着入口温度的升高，气体密度减小，流速增大，进入换热器内置空间的气体量增多，即采用直接对流传热方式同换热器进行热量传递的气体量增多，对流传热增强，同时进入取热区蜂窝陶瓷的气体量减少，即以间接传热方式(热风加热蜂窝陶瓷后通过蜂窝陶瓷侧壁以辐射形式与换热器进行间接传热)同换热器进行热量传递的气体量减少，热阻减小。

2. 入口雷诺数的影响

(1) 对翅片温度的影响。

改变入口雷诺数(Re)，通过传热实验得到$T_1 \sim T_6$随入口Re的变化如图8.6所示。角点的温度相对较高，边点相对较低，T_3和T_4的温度十分接近。

随着入口Re的增大，各测点的温度变化很小，只是在入口Re大于700以后开始略有升高，说明在实验工况的入口Re范围内，流速的改变对传热的影响并不显著。

(2) 对传热系数的影响。

根据实验测量得到的管内流体的物性分析，通过计算可以得到翅片管总的传热系数，而通过实验中布置的各测点所得到的温度数据，可以计算得到翅片不同位置上的传热系数。在不同的入口雷诺数工况下，通过测量和计算得到的不同入口雷诺数下的总体表观传热系数如图8.7所示。

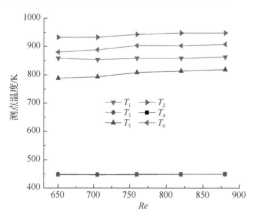

图8.6　不同入口Re下各测点的温度　　　　图8.7　不同入口Re下的总体表观传热系数

随着入口雷诺数的增加，总体表观传热系数不断增大。翅片传热系数也具有上述特性。

翅片传热系数在$16 \sim 18\text{W}/(\text{m}^2 \cdot \text{K})$，该传热系数很低，从数值上尚不足翅片管表观传热系数的1/4。这是由于一方面，翅片平行于气流方向，因而气流的冲刷方式以顺流方式为主，横向冲刷的部分仅仅是侧面很小的一块面积；另一方面，翅片沿着流线方向扩展，并对气流产生明显的黏滞作用，使翅片传热面附近的气体流速较小，不利于强制对流的构建。

翅片以导热的形式将从烟气获得的能量传递给管子，传热的热阻较大，使翅片上形成较大的温度梯度，在相当面积的区域内，翅片与气流的温度差相对于管壁与气流的温度差要小得多，因而传热量受到限制。这比传热系数的影响更大。

从辐射传热的角度分析，翅片管的翅片平行于气流方向，因而，其与辐射传热面，尤其是蜂窝陶瓷之间的辐射传热系数很低。但是翅片管有效地增大了传热面积，有效增大了传热量。

对于不同工况下的所有实验数据，以基管外径 d 为特征尺寸，热风来流温度与换热器外壁温度的平均值为特征温度，得到当量 $Nu(Nu_e)$ 与 Re、Pr、Pr_∞、Pr_w 的关系：

$$Nu_e = 3.339 Re^{0.3599} Pr^{0.3298} \left(\frac{Pr_\infty}{Pr_w} \right)^{7.4003} \tag{8-2}$$

式(8-2)与传统热风外掠直管外壁传热的实验关联式有很大区别，其适用条件如下：入口温度为 873～1173K，入口风速为 1.3～2.6m/s。回归拟合公式的相对误差在 -8.64%～9.64%，即相对误差绝对值最大值小于 10%。

（二）陶瓷填充床与空床换热器外壁传热系数的对比分析

1. 入口温度的影响

为了直接获得填充床内翅片管换热器的传热机理，将其传热特性与撤掉陶瓷后的空床进行对比，对比过程中入口温度和入口 Re 与填充床尽量保持一致。相对误差均小于 0.6%，空床传热的工况表与表 8.1 一致。通过比较，填充床和空床内翅片管的传热系数随入口温度的变化如图 8.8 所示。

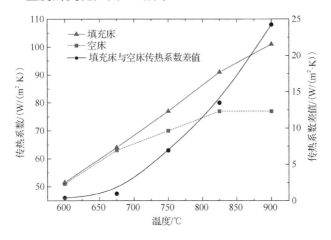

图 8.8 入口温度对填充床和空床内翅片管的传热系数的影响

由图中结果可以看出，填充床内翅片管的传热系数均大于空床内翅片管的传热系数，说明蓄热陶瓷能够增加取热管的传热系数。

传热系数的增长曲线斜率都随着入口温度的升高而降低，这主要是散热造成的影响，而蓄热陶瓷能够有效地抑制散热损失对取热管传热系数的影响。空床中取热管在入口温度大于 943K 以后斜率明显下降，当入口温度大于 1098K 以后斜率几乎为零，而填充床中只有当入口温度大于 1098K 以后斜率才出现较为明显的变化。

随着入口温度的提高，填充床与空床的翅片管换热器传热系数的差别明显增大，且其与入口温度符合幂函数关系。这主要是蓄热陶瓷增大了辐射传热造成的。1173K 时，填充床的传热系数约为空床的 1.47 倍。经过拟合，传热系数的增加值 $\Delta\alpha$ 与入口温度的关系是

$$\Delta\alpha = 0.00305 \times |T - 625|^{1.597} \tag{8-3}$$

拟合误差小于 0.002。

辐射与温度呈四次方的关系，说明蓄热陶瓷也通过对流场的改变影响对流传热系数的变化。

2. 入口雷诺数的影响

入口温度保持在 1023K±3K 内，通过改变风量的方式得到不同的入口雷诺数，其值见表 8.1。通过实验得到翅片管换热器传热系数与入口雷诺数的关系如图 8.9 所示。

由图中结果可知，总体上看填充床中换热器的传热系数大于空床中换热器的传热系数。这是由于蓄热陶瓷占据了一定空间，且其内部流动阻力较大，而迫使大部分气流经过换热器所在的无陶瓷区域流动，流动速度较大造成了对流传热的增强。

随着入口雷诺数的增大，填充床与空床中翅片管换热器的传热系数均有所提高：填充床最大增大了 9.7%，而空床最大增加了 18.6%。由于入口温度基本一致，在一定程度上可以忽略辐射的影响，因而传热系数的增大均主要由对流传热的增强得到，而蓄热陶瓷一定程度上限制了对流传热的增加程度，是由于基础流速较高造成的增加效果不明显。

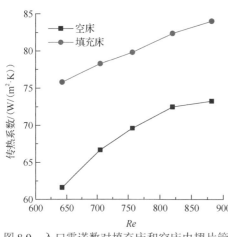

图 8.9　入口雷诺数对填充床和空床内翅片管的传热系数的影响

三、传热方式的影响

蓄热陶瓷填充床内的翅片管换热器传热系数的变化受到辐射和对流两种重要的传热方式的共同影响。在换热器外壁镀银，由于银的黑度很低，通常只有 0.02 左右，因此在换热器外壁镀银后就可以屏蔽大部分的辐射传热，可以分析传热方式对填充床内置换热器的贡献。

对比实验工况同样采用表 8.1 工况执行，分别讨论入口温度和入口雷诺数的影响。

为了更直观地说明对流、辐射传热方式对填充床外壁传热系数的贡献，以 η_c 表示对流方式对换热器外壁传热系数的贡献率，即

$$\eta_c = \frac{\alpha_c}{\alpha} \times 100\% \tag{8-4}$$

式中，α_c 为填充床内置换热器外壁镀银时的外壁传热系数，$W/(m^2 \cdot K)$；α 为填充床内置换热器外壁不镀银时的综合传热系数，$W/(m^2 \cdot K)$。

在填充床内置换热器外壁传热过程中，热量传递主要为热风与换热器外壁的对流传热以及蜂窝陶瓷、炉墙与换热器外壁的辐射传热，辐射传热对填充床内置换热器外壁传热系数的贡献率为 η_r，即

$$\eta_r = \frac{\alpha_r}{\alpha} \times 100\% \tag{8-5}$$

式中，α_r 为换热器外壁辐射传热系数，$W/(m^2 \cdot K)$。

(一)入口温度的影响

换热器外壁传热过程中，辐射传热方式对填充床内置换热器外壁传热系数的贡献率随入口温度的变化见图 8.10。从图中可以看出，在热风入口雷诺数相同条件下，随着入口温度的升高，辐射传热贡献率逐渐上升，虽然换热器外壁传热系数也会增大，但是换热器外壁辐射传热与温度的四次方成正比，因此辐射传热引起的换热器综合传热系数的增幅超过了换热器外壁传热系数的增幅，对流传热贡献率下降。但辐射传热贡献率为 0.48～0.61，两种传热方式的贡献率比较接近。

(二)入口雷诺数的影响

相同入口温度下，换热器外壁辐射传热基本不变，随着热风流量的增大，热气体流速绝对增大，热气体流动的雷诺数绝对增大，热气体与换热器外壁的对流传热增强，对流传热贡献率增大。

辐射对填充床内置换热器外壁传热系数的贡献率恰恰相反，见图 8.11。由于影响辐射换热器的主要因素是温度，在入口温度升高时，蜂窝陶瓷、炉墙的壁面温度随之升高，固体壁面同换热器外壁面的辐射传热逐渐增强，辐射对填充床内置换热

器外壁传热系数的贡献率逐渐增大；但是，相同入口温度下，随着热风质量流量的增大，辐射对填充床内置换热器外壁传热系数的贡献率则降低，但是辐射传热贡献率仍为 0.55～0.57，可见辐射传热贡献率依然很大。这说明在实验温度范围内换热器的传热是由对流和辐射共同决定的。

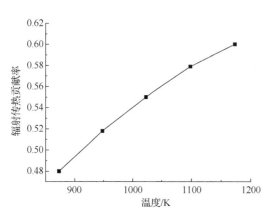
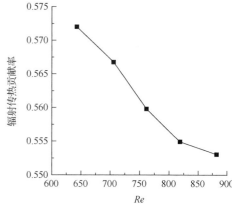

图 8.10　入口温度对辐射传热贡献率的影响　　　图 8.11　入口雷诺数对辐射传热贡献率的影响

第三节　取热区准定常传热数值模拟

为了获得翅片管上更为细致的温度与热流分布及变化特性，揭示逆流条件下翅片管换热器的复合传热机理，本节建立取热区 H 形翅片管换热器的传热数值模型，通过数值模拟的方法进一步挖掘准定常条件下换热器的温度及热流分布及其随着入口温度与入口雷诺数的变化特性。同时为逆流条件下的瞬态传热特性研究提供研究手段和对比基础。

对翅片管传热影响较大的因素主要是温度和流速，因此本节组织两组实验，分别为工况组一（入口雷诺数保持基本不变，改变入口温度）和工况组二（保持入口温度不变，改变入口雷诺数）。

一、模型的建立

煤矿通风瓦斯热逆流氧化床取热区中翅片管与分流蜂窝陶瓷的布置结构如图 8.12 所示，分流蜂窝陶瓷放置在 H 形翅片换热管之间。为简化计算，物理模型依照图 8.12 中框线区域进行提取，其截面结构如图 8.13 所示。该计算区域分为蜂窝陶瓷区和取热区两个部分。翅片管在取热区中。H 形翅片在气流方向上可以分为翅片 A 和翅片 B。在确定的气流中，两片翅片分别处于气流的上游和下游。

取热区在氧化床的两侧，温度相对较低，在实验范围内，乏风瓦斯反应速率很低，根据实验研究结果[4]，在取热区温度范围内乏风的反应量低于 2%，因而在模型中忽略取热区中甲烷的反应，模型为无内热源模型。

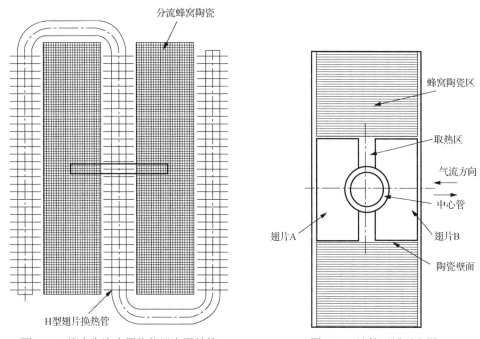

图 8.12   蜂窝陶瓷内置换热器布置结构   图 8.13   计算区域示意图

乏风中的甲烷浓度不高于 1.5%，主要成分仍是空气，因此，将流体假设为空气，符合理想气体关系。其比热容、导热系数、黏性系数均为常数，分别为 1.006kJ/kg、$2.42×10^{-2}$W/(m·K)、$1.789×10^{-5}$kg/(m·s)。

换热管与翅片材料选用钢铁，密度、比热容、导热系数设定为常数，分别为 8030kg/m³、502.48kJ/kg、16.27W/(m·K)，表面发射率选取为 0.6。

蜂窝陶瓷区设定为多孔介质，其固体材料选用陶瓷，密度、比热容、导热系数设定为常数，分别为 2500kg/m³、1000kJ/kg、2.25W/(m·K)，表面发射率选取为 0.85。

入口选用速度入口边界，出口选用压力出口边界，入口与出口的温度和流速数值与实验工况数据一致。四周选用对称边界，翅片、换热器表面选用壁面边界条件，两相交界面做成耦合表面。

由于管内的传热系数远远大于管外的传热系数，忽略管内的传热热阻，将中心管内表面设定为定温度表面，温度值设置为 433.15K。

计算时间步长为 1s。迭代前后三个方向的分速度差小于 0.01m/s，能量差小于 0.00001J 时迭代收敛。

二、基准工况下的传热特性模拟

选取入口温度为 1023K、入口雷诺数为 764 时的工况为基准工况，首先分析该工况下的传热特征，为其他工况传热特性的分析提供依据和比较标准。

(一)翅片温度分布

翅片上的温度分布可以直观地表现出翅片的工作状态，并依据该温度分布可以获得传热特性的其他参数，同时它也是分析相关参数的基础数据。该工况下的翅片温度分布如图 8.14 所示。

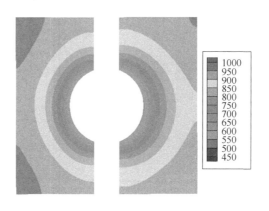

图 8.14　基准工况下的翅片温度分布(气流向右，单位 K)

整个 H 形翅片上温度分布呈现接近同心圆的形式，由外向内温度逐渐降低，且温度梯度从外向内不断增大。这说明在单根管附近气流温度变化有限，但迎风侧翅片温度高于背风侧，其温度梯度也更高，温度最高点出现在迎风侧的角点上。这说明在翅片角上温度与气流温度最为接近，因此其传热效率最低。温度变化在接近翅片边缘与接近管子的区域都趋于平缓，而在翅片中间偏向管子的区域温度斜率最大，翅片前后边缘温差可达 39K。

(二)翅片热流密度分布

图 8.15 是翅片总热流密度分布图。由图可知，热流方向指向翅片管金属内侧，因而均为负值，不考虑方向，则热流密度分布与温度分布十分类似。这说明总热流密度的分布主要受温度的影响。

翅片上温度高的区域，气流与翅片表面的温度相差就小，因而传热量就小，热流密度也较小。从图中可知，热流密度最大的区域出现在翅片迎风侧接近中心管的区域；热流密度较小的区域则主要出现在四个角部区域。

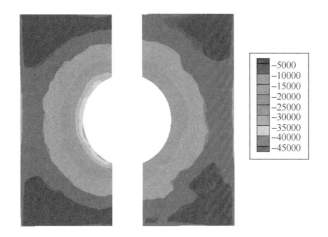

图 8.15　基准工况下的翅片表面总热流密度(气流向右，单位 W/m²)

图 8.16 是辐射热流密度的分布图，可以看出，在翅片上，不论是总热流密度还是辐射热流密度，都呈现出中间大、边缘小的特点。而迎风侧翅片热流密度明显大于背风侧，说明在迎风侧的温差更大。总热流密度和辐射热流密度较小的位置均出现在翅片的角部区域，但是辐射热流密度的分布表现出更好的对称性。

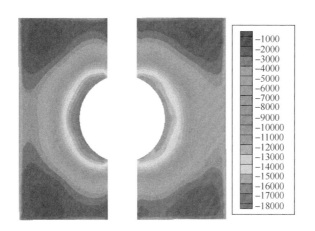

图 8.16　基准工况下的翅片表面辐射热流密度(气流向右，单位 W/m²)

由于总热流密度由辐射热流密度和对流热流密度两部分组成，那么总热流密度与辐射热流密度作差所得到的对流热流密度如图 8.17 所示。虽然对流热流密度也呈现近管子区域大、四周近角部区域小的趋势，但是迎风侧和背风侧的对称性不好。这主要是由翅片附近的气体流动特性造成的。

为了进一步分析辐射热流所占的份额，定义局部辐射传热贡献率 $\eta_r = q_{ri}/q_i$，其中 q_{ri} 为某个面网格上的辐射热流密度，q_i 为该网格上的总热流密度。局部辐射传热贡献率在翅片上的分布如图 8.18 所示。

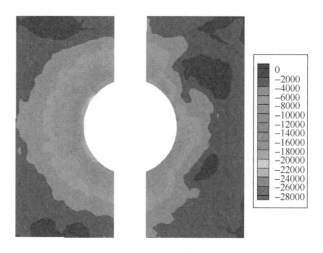

图 8.17 基准工况下的翅片表面对流热流密度(气流向右，单位 W/m²)

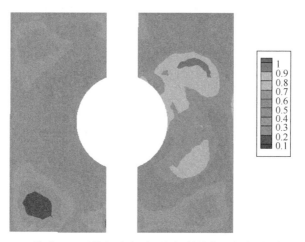

图 8.18 基准工况下的翅片表面局部辐射传热贡献率(气流向右)

辐射传热贡献率在翅片上不同位置差别较大，为 0.05～0.96，可见翅片上不同位置辐射传热量和对流传热量的构成有明显的变化。最小值出现在迎风侧的翅片角部区域，而最大值出现在背风侧翅片中间区域。翅片上的平均辐射传热贡献率为 0.546。

三、入口温度对 H 形翅片管传热特性的影响

为了获得更详细的翅片管传热特性，本书进行相应工况下的数值模拟。通过模拟，得到翅片上的温度分布随乏风入口温度的变化情况，如图 8.19 所示。

从图 8.19 中可以看出，乏风入口温度对翅片温度分布的影响十分明显。随着乏风入口温度的升高，翅片上的温度梯度越来越大，最高温度出现在迎风侧的翅片角部位置。

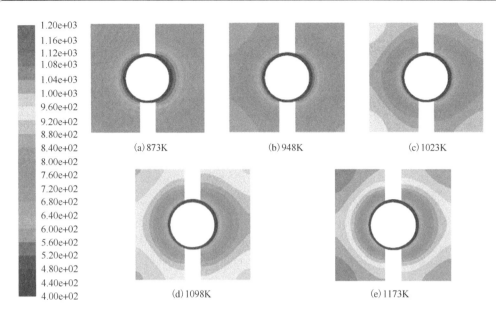

图 8.19　翅片温度分布随乏风入口温度的变化(气流向右,单位 K)

　　随着乏风入口温度的提高,角部区域温度的变化最大,而在翅片根部区域(尤其是在以 1.5 倍的管径为直径的圆内)温度变化很小,几乎可以忽略。翅片未开缝方向两侧的温度分布呈现良好的对称性,而沿流动方向前后的对称性较差,但从模拟的数据来看,前后侧边点及角点的温差均在 0～50K。翅片上的总热流密度分布如图 8.20

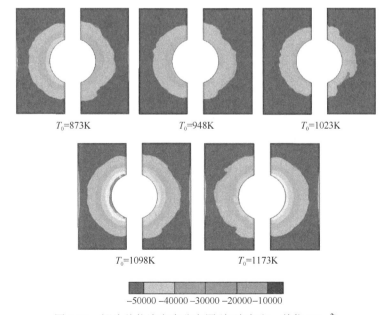

图 8.20　翅片总热流密度分布图(气流向右,单位 W/m²)

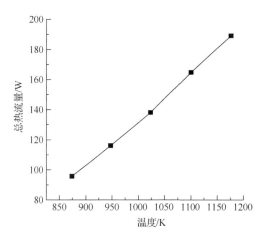

图 8.21 翅片总热流量随温度的变化

所示。从图中可以看出，随着温度的升高，翅片的总热流密度不断升高，升高最为明显的区域有两个：一个是与中心管接触的部分，尤其是迎风侧；另一个是翅片的前后边缘。翅片中间总热流密度较大区域有较为明显的扩展。

对热流密度在整个翅片上进行积分，得到翅片总热流量随温度的变化曲线，如图 8.21 所示。可见总热流量在该温度范围内与温度呈现明显的线性关系。入口气流温度由 873K 升高到 1173K，总热流量变为原来的 1.93 倍。

进一步分析总热流量的辐射与对流分量，可以得到随着温度变化，辐射热流密度在翅片上的分布(图 8.22)及对流热流密度在翅片上的分布(图 8.23)。从图 8.22 中可以得到，随着温度的升高，辐射热流密度的升高十分明显，最高的辐射热流密度也出现在翅片与中心管接触的位置，尤其在迎风侧上，这里也是辐射热流密度增大最为明显的地方。

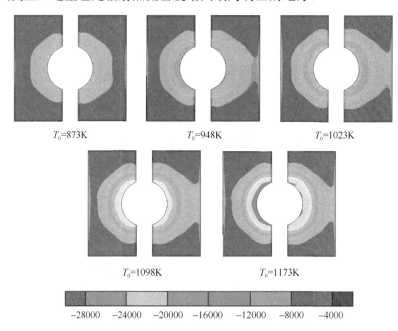

图 8.22 翅片上辐射热流密度的分布图(气流向右，单位 W/m^2)

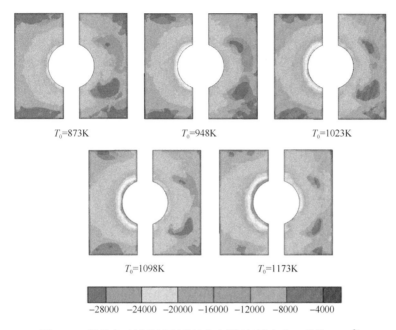

图 8.23　翅片上对流热流密度的分布图(气流向右，单位 W/m²)

从图 8.23 中也可以看出，随温度的升高，对流热流密度升高最明显的区域与辐射热流密度一样。这说明该区域的热流密度升高主要受温度的影响。比较图 8.22 和图 8.23 则可以得出以下结果：首先，辐射热流密度的变化更为明显，说明温度对辐射热流的影响更为明显；其次，辐射热流密度的对称性、均匀性均较好，而对流热流密度的对称性与均匀性较差。

图 8.23 中背风侧对流热流密度比迎风侧低，且均匀性较差，可见背风侧对流热流密度受气流流场的影响较为明显。在背风侧气流回流区出现了上下两块热流密度较低的区域，说明回流区的存在及其大小直接影响对流热流密度。

分别对辐射热流密度和对流热流密度在翅片上进行积分，得到翅片上的辐射热流量和对流热流量，与总热流量绘制在一起，如图 8.24 所示。辐射热流量随温度的变化更为明显，且在 898K 左右辐射热流量与对流热流量相等，说明在实验的温度范围内对流和辐射对传热的贡献较为接近，898K 以上辐射的份额会迅速增加，而低于该温

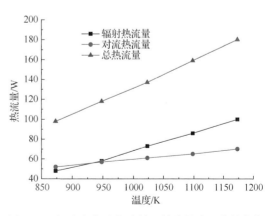

图 8.24　翅片上的总热流量及其分量随温度的变化

度，辐射的份额会迅速降低。

翅片和中心管上的总热流量如图 8.25 所示。通过翅片导入的总热流量在整个实验温度范围内都小于通过中心管其他部分导入的总热流量。在 1123K 时中心管的总热流量为翅片总热流量的 1.34 倍，而 873K 时中心管总热流量仅为翅片总热流量的 1.06 倍。这说明翅片在狭小空间的传热协助能力随着温度的升高而不断降低。

定义翅片协助度为翅片总热流量占总热流量的份额，即 $R_{fx} = q_f/q_z$，则翅片协助度随温度的变化关系如图 8.26 所示。翅片协助度随温度的上升线性降低。

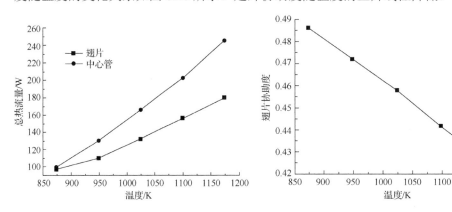

图 8.25　翅片及中心管上总热流量随温度的变化　　　图 8.26　翅片协助度随温度的变化

四、入口雷诺数对 H 形翅片管传热特性的影响

对热流密度在整个翅片上进行积分，得到翅片总热流量随入口雷诺数的变化曲线，如图 8.27 所示。可见总热流量与入口雷诺数呈现近似的线性关系。入口雷诺数由 625.3 升高到 875.4，总热流量变为原来的 1.07 倍。

分别对辐射热流密度和对流热流密度在翅片上进行积分，得到翅片上的辐射热流量和对流热流量，与总热流量绘制在一起，如图 8.28 所示。从图中可以看出，在整个入口雷诺数范围内，辐射热流量均高于对流热流量，但是辐射热流量随入口雷诺数的变化较小，而对流热流量随入口雷诺数的变化较为明显。因而，在总热流量中辐射的份额随入口雷诺数的增大不断减小。

翅片和中心管上的总热流量随入口雷诺数的变化如图 8.29 所示。通过翅片导入的总热流量在整个入口雷诺数变化范围内都小于通过中心管其他部分导入的总热流量。翅片协助度随入口雷诺数的变化关系如图 8.30 所示。可以看出，翅片协助度随入口雷诺数的增大首先近线性地下降，在入口雷诺数大于 700 以后，下降趋势逐渐变缓。这主要是中心管总热流量随着入口雷诺数的提高逐渐放缓造成的。翅片与中心管的总热流量都可以分成辐射部分与对流部分，它们随着入口雷诺数的变化规律如图 8.31 所示。

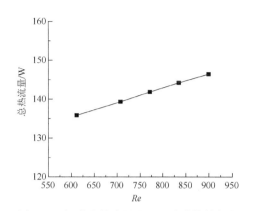

图 8.27 翅片总热流量随入口雷诺数的变化

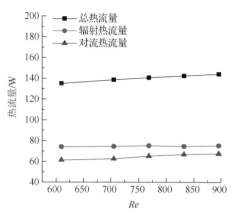

图 8.28 翅片上的总热流量及其分量
随入口雷诺数的变化

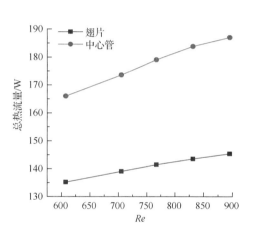

图 8.29 翅片及中心管上总热流量
随入口雷诺数的变化

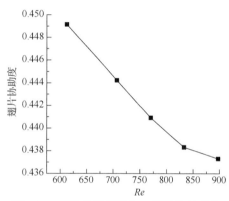

图 8.30 翅片协助度随入口雷诺数的变化

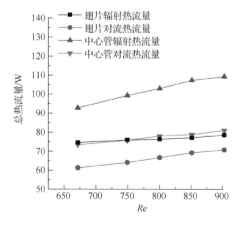

图 8.31 翅片与中心管热流量的组成随入口雷诺数的变化

第四节　周期性逆流工况下取热区传热特性研究

本节在周期性逆流取热实验台上完成 H 形翅片管换热器的取热实验，获得不同运行工况下 H 形翅片管的瞬态传热特性。引入取热区入口温度变化特性及周期性逆流的流动特性，建立逆流瞬态数值模型，通过数值模拟进一步获得分流蜂窝陶瓷的温度滞后效应，以及在分流蜂窝陶瓷蓄放热条件下的传热构成结构，揭示 H 形翅片管在周期性逆流条件下的瞬态传热机理与传热特性。

一、实验研究

在周期性逆流取热实验台的取热区内先后装设普通 H 形翅片管和镀银 H 形翅片管，分别进行周期性逆流氧化实验，并进行取热特性研究，在 H 形翅片管上的温度点设置与准定常条件下取热研究中的测点设置相同，见图 8.3。使两种翅片管分别经历相同的实验工况，工况参数见表 8.1。选取逆流条件下取热区的最高温度与最低温度的中间值作为实验的初始温度。

通过实验得到翅片管各点温度的变化特性和中心管取热量的变化特性，并在此基础上研究周期性逆流工况下 H 形翅片管的表观传热系数的变化特性、辐射传热贡献率的变化特性及工况参数对表观传热系数的影响规律。

(一)翅片管各点温度的变化特性

基准工况下(甲烷浓度为 0.5%，入口风速为 1.95m/s，换向周期为 240s)翅片管各点的温度变化特性如图 8.32 所示。图中虚线是氧化床入口温度变化曲线。可以看出翅片分成上片和下片两个部分，上下两片出现较为明显的差异。

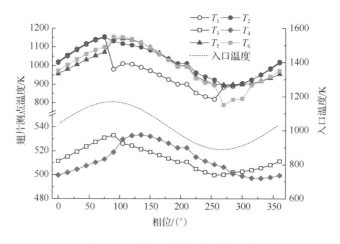

图 8.32　翅片上特征点温度分布图

翅片上的温度随着入口温度和气流方向的变化而发生明显的变化。翅片各点的温度基本呈现与入口温度相似的变化趋势。迎风侧的翅片角点和边点温度十分接近，温差均小于 10K（0°～90°以及 270°～360°相位时，气流由上向下，翅片的上片为迎风侧，其角点为 T_2，边点为 T_1；90°～270°相位时，气流由下向上，翅片的下片为迎风侧，其角点为 T_6，边点为 T_5）。在背风侧的翅片角点和边点的温度发生明显的差异，最大温差可达 111K。其中角点由于与温度最低的冷却中心管距离较远，在整体上与入口温度的跟随性较好，而边点在背风侧时受中心管影响，温度降低较大。

气流换向对翅片上各点的温度影响也十分明显，原来的迎风侧变为背风侧后温度迅速降低，而原来的背风侧温度则迅速上升。在 90°相位前后原迎风侧角点（T_2）温降可达 174K；而在 270°相位处原迎风侧角点（T_6）温降也有 106K。这说明换向时刻，取热管的传热特性发生迅速改变。

（二）表观传热系数的变化特性

根据取热区中心管进出口温差及取热区温度可以计算得到基准工况下中心管的表观传热系数变化特性，如图 8.33 所示。

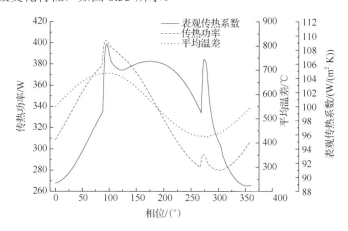

图 8.33　表观传热系数变化特性图

气体与管内工质的平均温差呈现较好的正弦波动特性。这是由于水温变化较小，温差主要由具有正弦特性的进出口气体的平均值决定。而传热功率在整体符合正弦波动特性的基础上，在两个换向相位发生了突增。最终，表观传热系数也出现了在两个换向相位上的突增。90°相位略后的 96°相位处得到了最大的表观传热系数的极值（108.78 W/(m²·K)）；274.5°相位处得到的表观传热系数极值为 106.62 W/(m²·K)。除此之外，表观传热系数呈现出在 0～360°相位内中间高、两边低的现象，除去换向相位以外，表观传热系数在 175°相位处也形成了一个极值：106.36 W/(m²·K)。表观传热系数的最低值出现在 354°相位处，其大小为 88.8 W/(m²·K)。整个周期的表观传热系数的平均值为 99.32W/(m²·K)。出现上述表观传热系数的变化规律的主要原因有以下几个。

在 90° 相位气流的换向使原有气流出口变成入口,原来的背风侧(已变成迎风侧)气流温度迅速上升,造成该处气流与翅片、中心管之间温差的骤然增加,传热量迅速提高,因而表观传热系数迅速增大。

在 270° 相位处也同样造成了表观传热系数的迅速增加,但由于此时的气流温度正处于最低的时刻,所能达到的表观传热系数的数值低于 90° 相位处所得到的数值。

在 0° 相位和 180° 相位附近虽然气流温度非常接近,但是分别得到了表观传热系数的最小值和最大值。出现上述现象的原因主要在于分流蜂窝陶瓷的辐射作用明显不同,在 0° 相位附近,气流处于升温过程,分流蜂窝陶瓷的升温要慢于气流的升温,因而分流蜂窝陶瓷仍处于较低的温度,所贡献的辐射量必然较小;而在 180° 相位附近,气流处于降温过程,分流蜂窝陶瓷的降温慢于气流的降温,因而分流蜂窝陶瓷仍处于较高的温度,所贡献的辐射量较大,形成了较大的表观传热系数。

(三)辐射传热贡献率的变化特性

将基准工况下普通翅片管和镀银翅片管的传热功率进行比较,得到辐射传热贡献率随时间的变化特性,如图 8.34 所示。辐射传热贡献率在整个周期内的整体趋势与入口温度的变化相似,但相位比入口温度略显提前。

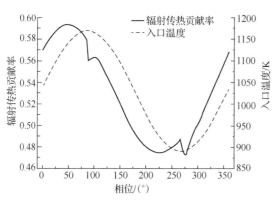

图 8.34 辐射传热贡献率变化特性图

出现上述现象的原因是翅片受热升温较快而分流蜂窝陶瓷受热升温较慢,在升温过程的后期,辐射传热量受到了抑制,出现了辐射传热贡献率换向前提前下降的现象,提前相位 42°。同样在换向后的降温过程中也出现了翅片降温快而分流蜂窝陶瓷降温慢的情况,因而在再次换向时出现了辐射传热贡献率提前转升的情况,提前相位 45°。

在 90° 和 270° 换向的相位附近发生了辐射传热贡献率的明显下降,这是由于换向后进出口虽然更改,但是产生辐射的进出口陶瓷及分流蜂窝陶瓷温度变化较小,辐射特性变化较小,相对而言对流传热则明显加强,一方面进出口转换以后新的迎风侧得到了更高的传热温差,另一方面原来形成的边界层遭到了破坏,而边界层是热阻最大的区域,在原来的边界层遭到破坏而新的边界层还未形成的时间范围内对流热阻得到削弱,因而对流传热得到强化,于是辐射传热贡献率降低。

(四)工况参数对表观传热系数的影响研究

在不同的甲烷浓度、入口风速及不同的运行周期条件下，分别获得翅片管的表观传热系数，并分析上述参数对表观传热系数的影响。

1. 甲烷浓度的影响

甲烷浓度对取热区 H 形翅片管表观传热系数的影响如图 8.35 所示。当甲烷浓度在 0.15%～0.72%时，表观传热系数与甲烷浓度呈现良好的线性关系，表观传热系数逐渐从 89.312 W/(m²·K) 升高到 118.211 W/(m²·K)，而甲烷浓度在 1.1%工况时表观传热系数有了明显的跃升，迅速增加到 182.342W/(m²·K)。这是由于甲烷浓度在 0.15%～0.72%时，氧化床的温度分布均服从中间高、两侧低的趋势，且取热区入口温度符合近似的正弦曲线规律，而随着甲烷浓度的提高，在氧化床内发生反应的甲烷量增多，得到了更高的床层温度，同样也得到了更高的取热区入口温度，因而可以在取热区内与换热器形成更高的温差，最终得到更高的热流密度。

而甲烷浓度在 0.72%或以上，氧化床的温度不再呈现简单的中间高、两侧低的规律，取热区入口温度的波动也不再近似正弦曲线，更加复杂。但取热区在高温下所停留的时间更长，因而所得到的热流密度会有更为明显的增长。

2. 入口风速的影响

入口风速对取热区 H 形翅片管表观传热系数的影响如图 8.36 所示。

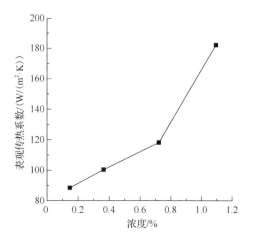

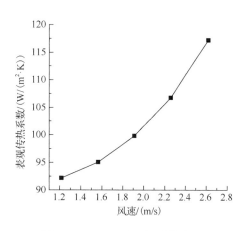

图 8.35　甲烷浓度对翅片管表观
传热系数的影响

图 8.36　入口风速对翅片管表观
传热系数的影响

表观传热系数随入口风速呈现近似指数形式的增长。一方面，风速的提高增大了取热区换热器的对流传热系数；另一方面，入口风量的提高造成在反应区内参加反应的甲烷量增大，放出更多的热量，形成更高的温度，因而可以获得更高的热流密度。两个作用共同造成了随入口风速升高表观传热系数以近似指数形式增长。

但是表观传热系数随入口风速的增长幅度相比随甲烷浓度的增长幅度略小，入口风速增加到原来的两倍时（从 1.21m/s 增加到 2.62m/s），表观传热系数从 92.268W/(m²·K)升高到 116.266W/(m²·K)；而甲烷浓度从 0.15%升高到 0.72%，表观传热系数则由 89.434W/(m²·K)增加到 123.096W/(m²·K)。这是由于风量增大，同时存在对冷风入口陶瓷的冷却作用增强的效果，在取热区入口的温度波动会更大，而平均温度的波动较小，而增加甲烷浓度，取热区入口温度则会在更高的平均温度基础上以较小的幅值波动。

3. 运行周期的影响

运行周期对取热区 H 形翅片管表观传热系数的影响如图 8.37 所示。从图中可以看出，随着运行周期的延长，表观传热系数以近似指数的趋势不断降低。之所以出现上述现象，主要是因为运行周期增大过程中，甲烷的氧化量并没有提高，因而氧化床的最高温度及取热区入口的最高温度均没有显著的提高，而由于较长时间的吹送，入口处陶瓷的温度下降得十分明显，使得中心高温区变窄，不利于取热区换热器的传热过程，造成较低的热流密度。

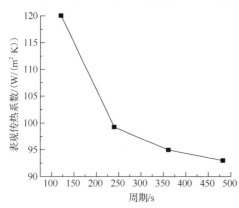

图 8.37　运行周期对翅片管表观传热系数的影响

在此基础上，结合上述实验结果，以基管外径 d 为特征尺寸，热风来流温度与换热器外壁温度的平均值为特征温度，可以得到非定常条件下表观传热系数与运行工况（甲烷浓度、入口风速及运行周期之间）的关联式：

$$\alpha = 87.75 + 0.65C \cdot e^{Re/128.13} \cdot e^{T/100.48} \tag{8-6}$$

式中，α 为表观传热系数，W/(m²·K)；C 为甲烷浓度，%；T 为运行周期，s。

适用范围如下：甲烷浓度为 0.15%～0.72%，入口风速为 1.21～2.62m/s，运行周期为 120～480s。拟合误差<5%。

二、模拟研究

采用前面的数值模型，将取热区入口温度按照正弦拟合关系进行赋值，入口气流速度分别在 90°和 270°两个相位处发生反向,这样 0°～90°以及 270°～360°相位期间气流沿 x 的正方向,90°～270°相位期间气流沿 x 的负方向。

为了减小计算量与计算时间,周期性逆流工况的模拟进行之前,先进行准定常计算,选取入口温度变化的平均值作为准定常计算的入口温度,将该条件下得到的准定常流场与温度场结果作为周期性逆流的瞬态工况计算的初始条件。

通过模拟得到进出口温度的变化特性,翅片温度及热流分布的变化特性,换向前后流场、翅片温度及热流密度的变化特性,以及辐射传热贡献率的变化特性。

(一)进出口温度的变化特性

取热区进出口的温度变化特性如图 8.38 所示。

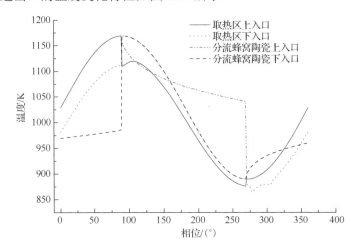

图 8.38　取热区进出口温度的变化特性

从图中数据可以看出,分流蜂窝陶瓷存在明显的温度滞后特性。在这里,定义 90°～270°相位内取热区与分流蜂窝陶瓷的气流入口为上入口,其余相位的气流入口为下入口。

90°相位气流换向后,取热区及分流蜂窝陶瓷的下入口变为气流入口,温度均迅速上升,并在 90°～270°相位,两者温度基本相同,并行变化。变为出口的取热区及分流蜂窝陶瓷的上入口则出现明显的差异:取热区上入口在换向后,温度陡然下降 58K,然后在依然较高的分流蜂窝陶瓷作用下略有上升,在 105°相位处升高了 9K,然后迅速下降,到 270°相位时共下降了 875.9K,90°～270°取热区上入口的温度比下入口的温度低,且温差不断减小,从 58K 降低到 13K。而分流蜂窝陶瓷的上入口温度则缓慢下降,且降低速度不断减小,在 270°相位处分流蜂窝陶瓷的上入口温度高于取热区 165K。

在 270°相位处气流换向后,取热区与分流蜂窝陶瓷下入口再次变为气流入口,温度迅速提高并在之后以接近正弦的趋势上升。取热区与蜂窝陶瓷的上入口再次变为出口，温度迅速下降后不断上升，但是上升趋势存在明显变化，取热区上入口经历一个波动后以较快的速度上升，并在 349.5° 相位附近温度超过分流蜂窝陶瓷的上入口温度。而分流蜂窝陶瓷的上入口温度上升较为缓慢且上升速度越来越慢，在 360° 相位处形成了 20.9° 的温度滞后。

（二）翅片温度及热流分布的变化特性

基准工况下 H 形翅片管上温度分布的变化特性如图 8.39 所示。

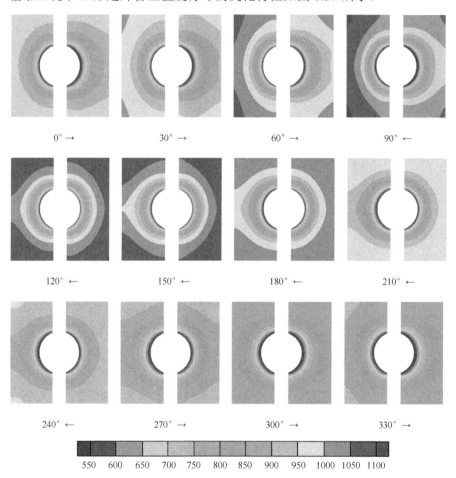

图 8.39　翅片管上温度分布的变化特性（箭头方向为气流方向，单位 K）

由图可知，在垂直于气流方向上翅片的温度分布呈现较好的对称性，而沿着气流方向上翅片的温度分布则有明显变化。

可见气流对翅片温度分布影响较大，翅片的迎风侧等温线较为密集，温度变化较快，背风侧温度变化相对较慢，且在背风侧形成了一个温度的尾迹区，温度相对较低，使得热流密度的方向不再指向管圆心，因而不利于热量的传递，并造成背风侧翅片角点和边点温度较大的差异。

基准工况下 H 形翅片管上热流密度分布的变化特性如图 8.40 所示。在垂直于气流方向上翅片的热流密度分布呈现较好的对称性，而沿着气流方向上翅片的热流密度分布则有明显变化，可见气流对翅片热流密度分布影响较大。热流密度的最大值总是出现在翅片根部与中心管接触的地方。而总体上从内到外呈现热流密度下降的趋势。随着相位的变化，热流密度随入口温度的升高不断增大。在 0° 相位处最高热流密度出现在迎风侧的翅片根部，最低热流密度却并未出现在翅片的角点上，并在迎风侧形成近似同心圆的分布，在迎风侧翅片中部也形成了相对较高的热流密度区域。而在背风侧，回流区使得热流密度分布不再呈现同心圆的分布规律，而是出现三个波动较为剧烈的分布结构。热流密度的最低点出现在背风侧的翅片角点上。

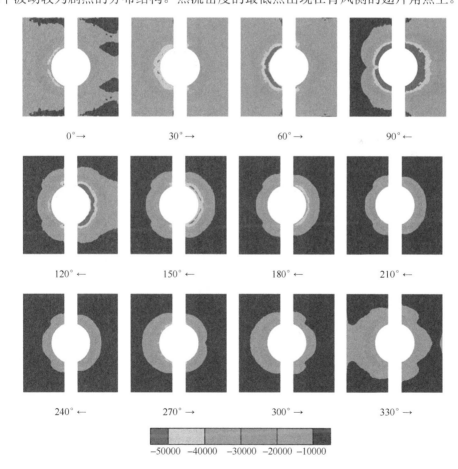

图 8.40　翅片上热流密度分布的变化特性(箭头方向为气流方向，单位 W/m²)

0°~60°相位期间，随着入口温度的升高，整个翅片上的热流密度都在不断增加，但分布结构与0°相位时的十分类似。

90°相位处发生气流换向，热流密度出现显著增强，最大热流密度处立刻变换到新的迎风侧，而在新的背风侧角点上形成了热流密度的最小值。此外，新的背风侧热流密度比60°相位时还要低，说明在换向期间，热量传递发生了向翅片的迎风侧和中心管处集中的现象。背风侧则由原来三个波动区域变成了两个比较大的波动区域。在中心管的正背面出现了热流密度相对较小的分布结构。

90°~270°相位期间，随着入口温度的降低，整个翅片上的热流密度都在不断降低，但分布呈现迎风侧近似同心圆结构，而背风侧为三个较大的波动区域的结构。在120°相位时翅片迎风侧还保留着中部热流密度相对较大的区域，但150°相位时便不再明显。

270°相位处再次发生气流换向，热流密度最大值再次改变到新的迎风侧翅片根部，而在新的背风侧形成两个波动较大的热流密度分布区域。

270°~330°相位期间，随着入口温度的升高，整个翅片上的热流密度都在不断增加，迎风侧翅片中部热流密度较大区域的范围和数值越来越大，而背风侧三个波动区域的波动也越来越大。

翅片上的辐射热流密度分布的变化特性如图8.41所示。翅片上的辐射热流密度分布在沿气流方向和垂直气流方向上都呈现较好的对称性。在靠近中心管区域呈现近似同心圆的封闭式分布形式，而在相对远离中心管的部分呈现发散式分布形式。辐射热流密度的最大值出现在翅片根部，而最小值则出现在中间开缝处的角点上。可见辐射热流密度的分布受气流换向的影响较小，而受入口温度的影响十分明显。从90°相位到270°相位，整体的热流密度不断下降，而从270°相位之后则不断增加。

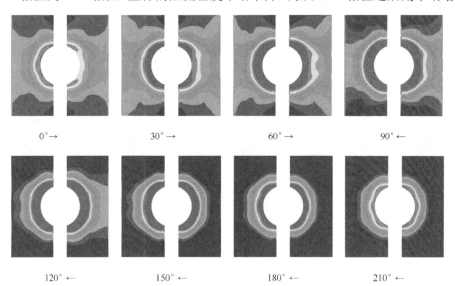

　　0°→　　　　　　　　30°→　　　　　　　　60°→　　　　　　　　90°←

　120°←　　　　　　　150°←　　　　　　　180°←　　　　　　　210°←

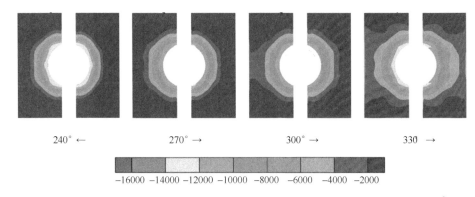

$$240° ←　　　　270° →　　　　300° →　　　　330 →$$

$$-16000　-14000　-12000　-10000　-8000　-6000　-4000　-2000$$

图 8.41　翅片上辐射热流密度分布的变化特性(箭头方向为气流方向，单位 W/m²)

但是由于分流蜂窝陶瓷蓄放热相对较慢，在 90° 相位换向后，虽然入口温度不断降低，翅片根部辐射热流密度并未出现迅速下降的变化特性，而是在 120° 相位以后才出现比较明显的降低，其间约经历 20s 时间。而在此期间，翅片其他部分的辐射热流密度则迅速降低。同样在 270° 相位换向后，翅片根部的辐射热流密度也是到 300° 相位以后才有明显的升高。

(三)换向前后流场、翅片温度及热流密度的变化特性

气流换向对取热区换热器的传热特性产生巨大影响，通过模拟得到气流在 90° 相位换向前后流场的变化，如图 8.42 所示。

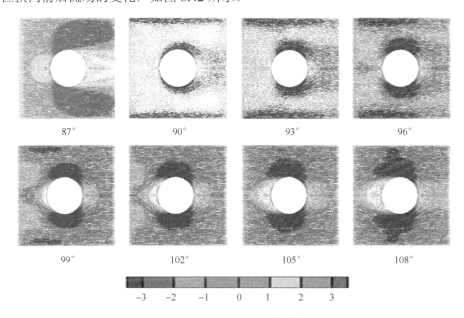

$$87°　　　　90°　　　　93°　　　　96°$$

$$99°　　　　102°　　　　105°　　　　108°$$

$$-3　-2　-1　0　1　2　3$$

图 8.42　气流换向前后流场的变化特性(单位 m/s)

由图中可以看出，气流在换向之前流场趋近于稳定，最高速度集中在中心管的两侧，而在中心管的背风侧形成了一个锥形的回流区域，该回流区将中心管两侧的高速区域向两侧排挤。中心管的迎风侧正对气流处形成了一个速度较低的区域。

90°相位换向时，气流反向，但气流的惯性作用与新的进风口的气流发生冲突，在中间部分原来的气流高速区因为气流的冲撞形成低速场，而近壁面原来的低速区形成反向的相对高速场。中心管迎风侧存在相对低速区，但中心管后并未形成明显的回流区。93°相位时，随着原有气流的惯性逐渐消失，流场中高速区逐渐增强，范围也逐渐扩大，中心管背风侧开始出现较弱的回流区，到96°相位时，中间的高速区进一步增强，而回流区也得到了一定程度的扩张。99°相位处中心高速区扩大的同时，两侧的高速区则不断减小，回流区继续增大。99°相位之后，回流区仍在不断增大，直到108°相位处以后流场的基本结构才稳定下来，前后需要12s才能恢复气流的相对稳定。

可见换向过程中，在换热器周围的流场变化不是一蹴而就的，而是经历了约18°相位才建立了新的稳定流场结构，因此在此期间换热器的传热特性必然存在较为剧烈的变化。87°～108°相位换向前后翅片上温度分布的变化如图8.43所示。该相位区间内，入口温度变化相对较小，不超过5%。而翅片上的温度分布有较为明显的变化。

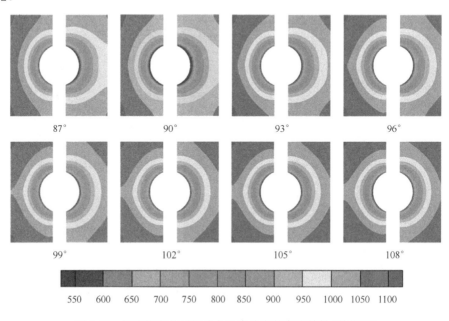

图8.43　气流换向前后翅片上温度分布的变化特性(单位 K)

换向前(87°相位处)翅片迎风侧平均温度较高，温度梯度较大，且分布接近同心圆结构；而背风侧翅片中部受到回流区的影响，出现一个温度梯度较小的区域。90°

相位换向刚完成后，整体温度分布几乎没有变化，只在新的迎风侧角点上首先出现温度的升高，出现超过 1050K 的区域。该区域不断扩大，向中心管方向推进，而新的背风侧的翅片温度变化较慢，靠近管中心区域的温度梯度始终大于新的迎风侧。

87°～108° 相位气流换向前后翅片上热流密度分布的变化特性如图 8.44 所示。在换向前的 87° 相位处热流密度的最大值出现在正对来流的翅片根部，并在中心管周围形成近似同心圆的热流密度分布，而在背风侧的翅片上由于存在回流区，没有形成近似同心圆的分布结构，而是出现了三个等热流密度线的起伏，背风侧翅片上的最大热流密度出现在开缝处翅片的根部。90° 相位气体换向后，新的迎风侧翅片根部热流密度急速提高，且大热流密度的区域得到了很大的扩展，热流密度的最大值也立刻变为新的迎风侧翅片根部，并在新的迎风侧形成新的近同心圆热流密度分布特性，而新的背风侧热流密度迅速下降，并形成等热流密度线的两个起伏结构，在翅片根部最小的热流密度出现在 87° 相位时的热流密度最大处。

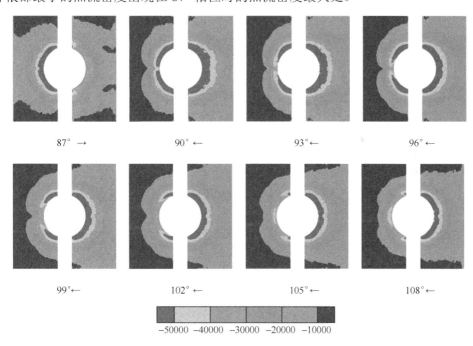

图 8.44　气流换向前后翅片上热流密度分布的变化特性(箭头方向为气流方向，单位 W/m²)

随着之后翅片温度变化，翅片根部的热流密度从 96° 相位以后便开始明显减小，大热流密度区域不断减少，尤其是在新的背风侧，到 102° 相位时靠近翅片根部的等热流密度线增加为三个起伏，且中间起伏越来越剧烈。到 108° 相位处形成的热流密度分布特性十分接近换向前的热流密度分布结构。这说明翅片温度变化的滞后特性造成热流密度在 90°～96° 相位(约 4s)内的迅速上升，但翅片的滞后作用有限，随着翅片温度的变化，很快翅片根部热流密度又迅速下降。

前后翅片上的辐射热流密度分布的变化如图 8.45 所示。90°相位换向时，辐射热流密度的分布与 87°相位时的辐射热流密度分布差别非常小。这是由于参与辐射的分流蜂窝陶瓷和翅片管都存在温度的滞后效应。因而在 90°相位刚换向的时候没有出现明显的辐射热流密度分布特性的变化。而 93°相位处就已经在翅片气流方向的边缘处出现明显的变化，新的迎风侧翅片中部辐射热流密度增强，而新的背风侧则明显减弱。这种结构一直保持，只是随着气流温度的降低，辐射热流密度略有降低。而从换向到 108°相位，翅片根部区域的辐射热流密度变化并不大。这说明陶瓷温度变化的滞后作用直到换向 12s 后依然明显。

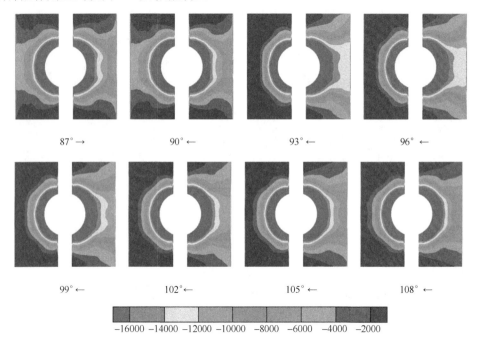

图 8.45　气流换向前后翅片上辐射热流密度分布的变化特性(箭头为气流方向，单位 W/m²)

（四）辐射传热贡献率的变化特性

为了进一步确定取热区中的辐射特性变化原因，通过模拟得到上下翅片及中心管的辐射传热贡献率随相位的变化情况。取热区的辐射特性受到分流蜂窝陶瓷的作用十分明显，尤其是其温度滞后特性所形成的传热特性对取热管的传热造成明显的影响，需要进一步分析。

上下翅片及中心管辐射传热贡献率的变化特性如图 8.46 所示。

中心管辐射传热贡献率波动较小，而上下两个翅片的辐射传热贡献率的变化存在明显差异且不对称。上翅片辐射传热贡献率在 0.2~0.7 波动，而下翅片则在 0.4~

0.94 波动。

90°相位处气流换向后气流改为从上向下流动，且入口温度正处于最高值，因而原有流场及边界层被破坏，对流传热迅速增强，上翅片的辐射传热贡献率迅速下降，待新的边界层恢复以后，辐射传热贡献率又逐渐回升。随后由于入口温度不断下降，而迎风侧的蜂窝陶瓷降温较快，辐射传热量迅速下降，因而辐射传热贡献率逐渐下降到最低，在 208°相位处辐射传热贡献率出现最低值，仅有 0.20。在此之后入口温度进一步下降，对流传热量降低迅速，而蜂窝陶瓷降温相对较慢，辐射传热贡献率又逐渐回升。

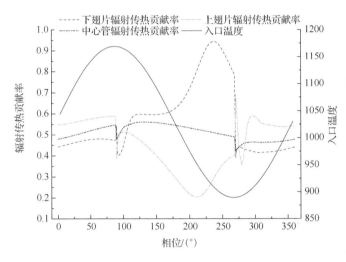

图 8.46　辐射传热贡献率的变化特性

下翅片则在 90°换向后变为背风侧，流经的气流经过冷却而明显降低，而翅片蓄热来不及释放，造成传热温差的迅速降低，辐射传热贡献率急速上升，而翅片蓄热释放较快，随着翅片蓄热的释放，对流传热量恢复正常，辐射传热贡献率又迅速下降。随后，随着入口温度的逐渐下降，对流传热量不断降低，而背风侧分流蜂窝陶瓷降温明显滞后，辐射传热量影响较小，辐射传热贡献率得到回升，并在 110°～160°相位形成一个相对稳定的区域。而随着入口温度进一步降低，对流传热量明显降低，而辐射传热量降低较慢，辐射传热贡献率在 160°相位后出现明显的升高并在 230°相位处达到最大，辐射传热贡献率约为 0.94。230°相位以后背风侧分流蜂窝陶瓷的降温开始明显，并影响辐射传热量，造成辐射传热贡献率的下降。

270°相位处换向后改为从下向上流动，且气流温度正处于最低值，下翅片温度较低，气流温度未经冷却而较原来有明显升高，传热温差增大，同时边界层的破坏造成传热系数的提高，对流传热量明显增大，而较低的入口温度对该侧的蜂窝陶瓷冷却明显，降温迅速，辐射传热量则明显下降，因此出现了辐射传热贡献率的巨幅下降，从 0.76 迅速降低到 0.37。等边界层逐渐恢复，辐射传热贡献率有所提高，但由于分流蜂窝陶瓷升温缓慢，辐射传热贡献率又略有下降，但迎风侧陶瓷温度变化相对较快，与气流相比温度滞后较小，温度也逐渐升高，辐射传热贡献率便逐步回升，但变化相对平缓，换向后始终在 0.4～0.45 波动，直到再次换向。

270° 相位换向后，上翅片变为背风侧，由于翅片的蓄热作用，以及背风侧气流受冷降温，传热温差降低，对流传热量迅速降低，辐射传热贡献率急速升高，随着翅片蓄热的释放，对流传热量恢复，辐射传热贡献率又迅速下降，随着流场和边界层的逐渐形成，对流传热量再次下降，辐射传热贡献率再次上升，并达到 0.57 的极值。后因陶瓷温度上升缓慢，辐射传热贡献率略降，直到 350° 相位以后才逐渐升高，波动也较小，在 0.53～0.57，但由于背风侧对流传热量比迎风侧小得多，绝大部分时间辐射传热贡献率处于比迎风侧高的水平上。

中心管辐射传热贡献率变化较小，始终在 0.42～0.54，只在两个换向位置因流场和边界层破坏，辐射传热贡献率除出现突降之外变化均十分平缓，最高点出现在 109° 相位。

参 考 文 献

[1] 刘永启, 刘瑞祥, 高振强. 矿井乏风瓦斯热氧化装置: ZL200810249860.3. 2010-03-10.
[2] 刘永启, 刘瑞祥, 王延遐, 等. 煤矿乏风瓦斯热氧化装置用蒸发换热器: ZL201010274134.4. 2011-11-30.
[3] 刘永启, 刘瑞祥, 高振强, 等. 煤矿乏风瓦斯氧化装置汽水循环系统: ZL201010226194.9. 2012-02-01.
[4] 郑斌, 刘永启, 刘瑞祥, 等. 煤矿乏风的蓄热逆流氧化. 煤炭学报, 2009, 34(11): 1475-1478.

第九章　氧化装置的换向控制技术

整个煤矿乏风瓦斯热逆流氧化装置的测控系统包括抽采瓦斯湿式放散子系统、乏风甲烷浓度调节子系统、氧化装置换向控制子系统、取热子系统和故障诊断与安全保障子系统。本章重点介绍煤矿乏风瓦斯热逆流氧化装置的换向控制技术。

第一节　逆流动态条件下准稳态度量标准及换向控制方法

一、准稳态的度量标准

煤矿乏风瓦斯热逆流氧化装置的特点是流动方向不断变换，陶瓷内部温度场沿气体流动方向动态移动。另外，受到乏风流量、乏风瓦斯浓度、取热系统取热量等多个因素的影响，陶瓷内部温度场的变化更为复杂。

为了确保煤矿乏风瓦斯热逆流氧化装置的稳定安全运行，要求陶瓷内部温度场具有合适的宽度，即陶瓷蓄热体保持合适的热量。为了测量陶瓷内部温度场的宽度，沿气体流动方向布置一系列热电偶。又由于氧化床横截面积较大，在与气流方向垂直的多个横截面上也分别布置多个热电偶，对温度场进行监控。

当氧化装置达到稳定运行时，温度场移动过程中氧化床的蓄热量相对稳定，即达到准稳态。采用的准稳态的度量标准为

$$\Delta T = \frac{1}{k} \sum_{i=1}^{k} \left| T_{\text{semi-cyc-}(n)}(x_i) - T_{\text{semi-cyc-}(n+1)}(L-x_i) \right| \tag{9-1}$$

式中，x_i 为沿气体流动方向布置的一系列热电偶的位置；L 为陶瓷蓄热体的总长度；$T_{\text{semi-cyc-}(n)}(x_i)$ 为第 n 个半周期结束时位置 x_i 处的温度；$T_{\text{semi-cyc-}(n+1)}(L-x_i)$ 为第 $n+1$ 个半周期结束时位置 $L-x_i$ 处的温度。

根据式(9-1)，当 ΔT 趋于 0 时，系统即趋于准稳态。控制乏风流动方向的变换、乏风瓦斯浓度和乏风流量，使氧化床的温度场在移动过程中保持准稳态。

二、换向控制方法

为使温度场具有合适的宽度，应对换向时机进行精确控制。换向控制分为三种方式：手动控制方式、时间控制方式和温度控制方式，三种方式间可随时进行切换。手动控制方式时，根据装置的需要，两个方向可随意切换。手动控制可作

为辅助方式，在起动工况及各种运行参数(流量、瓦斯浓度等)变化较大的非稳定工况时采用。时间控制方式时，换向时间在 PLC 上设定，两个方向的运行时间通常设定为相同的值，也可分别设定为不同的值。装置运行稳定后，时间控制方式通常能达到满意的控制效果。最灵活的控制方式是温度控制方式。在适当位置选择两个温度测点作为温度控制点：一个称正向半周期温度控制点，另一个称逆向半周期温度控制点。当正向半周期温度控制点温度低于设定的换向温度时，气流沿正向流动，此时，正向半周期温度控制点温度升高，而逆向半周期温度控制点温度降低。当正向半周期温度控制点温度高于设定的换向温度时，气流换向，气流沿逆向流动，此时，逆向半周期温度控制点温度升高，而正向半周期温度控制点温度降低。当逆向半周期温度控制点温度高于设定的换向温度时，气流换向，气流又沿正向流动，依次轮流进行。

第二节　换向控制参数的确定

一、参数确定所用模型简介

仿真研究的数学模型是基于热逆流氧化装置建立的，详细方程组及边界条件和初始条件，以及求解方法参见文献[1]～[5]。在此，主要介绍与后面仿真结果密切相关的一些内容，以便理解结果的含义。反应器内部采用陶瓷作蓄热体，蓄热体的尺寸为 1m×1m×2.1m。在反应器中心轴线上布置一系列热电偶测点，以测量瞬时温度分布。在氧化床内沿轴向对称安装两组蛇形管换热器进行取热，在轴向长度为 0.6m 处安装第一组换热器，在轴向长度为 1.5m 处安装第二组换热器。

为了将高温区控制在氧化床的中间部位，同时降低出口温度，在模拟过程中，由氧化床的轴向温度来控制气体的流动方向。气体正向流动时，当氧化床轴向长度为 1.5m 处即第二组换热器下游的温度达到 600℃时，改变气体流动方向；气体逆向流动时，当氧化床轴向长度为 0.6m 处即第一组换热器下游的温度达到 600℃时，改变气体流动方向。

氧化床中气体的流动方向不断改变，经过若干循环后，轴向温度分布在每个周期的相同瞬时的形状相同，并在氧化床中来回移动，这时达到准稳态。下面分别介绍换热面积、甲烷浓度、入口表观速度对氧化床轴向温度分布和换向时间的影响规律。

二、换热面积不同时氧化床轴向温度分布和换向时间的确定

(一)换热面积对氧化床轴向温度分布的影响

模拟过程中，氧化床甲烷浓度为0.6%，入口表观速度为0.5m/s，入口温度为300K，蜂窝陶瓷孔隙率为0.75，换热面积分别为4.3m²、5.02m²、5.73m²、6.45m²和6.81m²。

图 9.1～图 9.5 为换热面积对氧化床轴向温度分布的影响，图中给出了不同换热面积时氧化床的轴向温度分布和氧化床轴向温度高于 600℃ 的宽度。

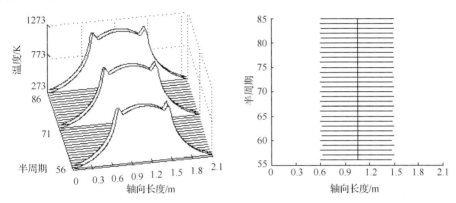

图 9.1 换热面积为 4.3m² 时氧化床的轴向温度分布和高温区宽度图

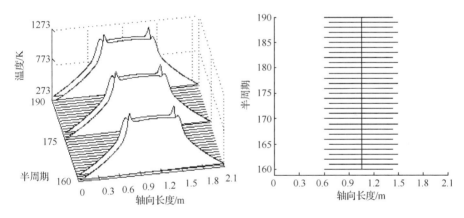

图 9.2 换热面积为 5.02m² 时氧化床的轴向温度分布和高温区宽度图

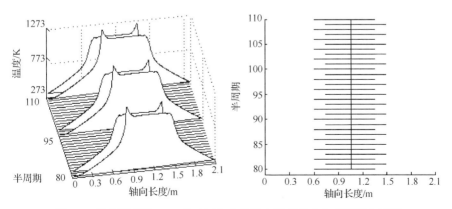

图 9.3 换热面积为 5.73m² 时氧化床的轴向温度分布和高温区宽度图

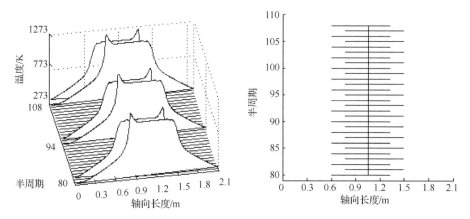

图 9.4　换热面积为 6.45m² 时氧化床的轴向温度分布和高温区宽度图

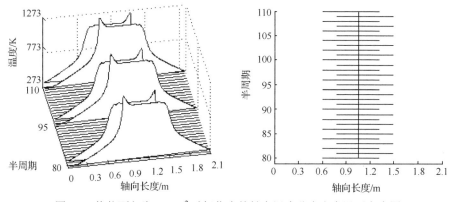

图 9.5　换热面积为 6.81m² 时氧化床的轴向温度分布和高温区宽度图

由图 9.1 可以看出，当换热面积为 4.3m² 时，随着反应的进行，氧化床轴向温度高温区的宽度逐渐增大。为了便于分析，表 9.1 中列出了图 9.1 中每个半周期的高温区宽度。

由表 9.1 可以看出，当换热面积为 4.3m² 时，氧化床高温区的宽度逐渐增大。当反应进行到第 86 个半周期时，高温区宽度为 0.9m，即氧化床轴向长度为 0.6～1.5m 的温度都高于 600℃，此时，无法再控制气体的流动方向。这说明换热器从氧化床中取出的热量偏少，热量在氧化床中逐渐积累。

从图 9.2～图 9.5 可以看出，当换热面积为 5.02m²、5.73m²、6.45m² 和 6.81m² 时，随着反应的进行，氧化床的轴向温度分布和高温区宽度都不再改变，说明氧化床在各换热面积下均已达到循环准稳态。

图 9.6 显示了甲烷浓度为 0.6%时，氧化床高温区宽度随换热面积的变化。从图中可以看出，随着换热面积的增大，高温区的宽度逐渐减小。这是因为换热面积越大，换热器从氧化床中吸收的热量越多，因此，氧化床高温区宽度越小。

表 9.1　换热面积为 4.3m² 时每个半周期的高温区宽度

半周期/个	高温区宽度/m					
57~62	0.8750	0.8750	0.8750	0.8750	0.8800	0.8800
63~68	0.8800	0.8800	0.8800	0.8800	0.8850	0.8850
69~74	0.8850	0.8850	0.8850	0.8850	0.8850	0.8850
75~80	0.8850	0.8900	0.8900	0.8900	0.8950	0.8950
81~86	0.8950	0.8950	0.8950	0.8950	0.8950	0.9000

（二）换热面积对换向时间的影响

当氧化床达到循环准稳态后，气体流动的换向时间也保持不变。图 9.7 显示了不同的换热面积对应的换向时间。从图中可以看出，随着换热面积的增大，换向时间延长。这是因为换热面积越大，氧化床高温区宽度越小，氧化床轴向距离为 0.6m 或 1.5m 达到 600℃ 所需要的时间就越长。为了保证在反应过程中有充足的时间将进气气流预热到反应温度，同时防止换向阀频繁切换，换向时间不宜太短，因此换热面积不能太小。

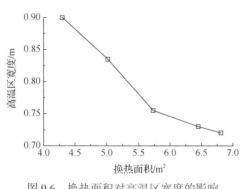 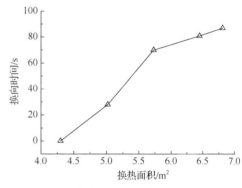

图 9.6　换热面积对高温区宽度的影响　　　图 9.7　换热面积对换向时间的影响

三、甲烷浓度不同时氧化床轴向温度分布和换向时间的确定

当甲烷浓度较低时，甲烷燃烧放出的热量较少，可适当减小换热面积；当甲烷浓度较高时，甲烷燃烧放出的热量较多，可适当增大换热面积。以下介绍浓度为 0.5%~0.75% 的甲烷在氧化床中氧化的模拟结果，对应的换热面积为 6.81m²，氧化床入口表观速度为 0.5m/s，入口温度为 300K，蜂窝陶瓷孔隙率为 0.75。

（一）甲烷浓度对氧化床轴向温度分布的影响

图 9.8~图 9.11 显示了甲烷浓度对氧化床轴向温度和高温区宽度的影响。

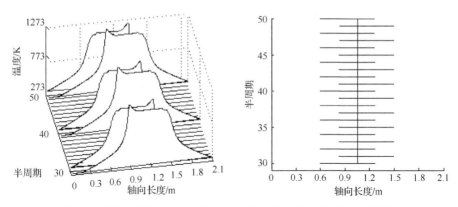

图9.8　甲烷浓度为0.5%时氧化床的轴向温度分布和高温区宽度图

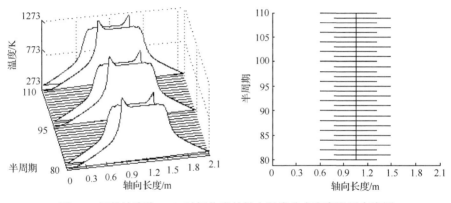

图9.9　甲烷浓度为0.6%时氧化床的轴向温度分布和高温区宽度图

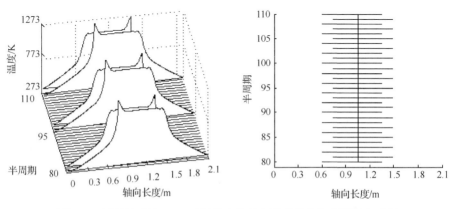

图9.10　甲烷浓度为0.7%时氧化床的轴向温度分布和高温区宽度图

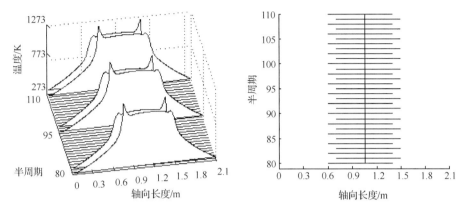

图 9.11　甲烷浓度为 0.75% 时氧化床的轴向温度分布和高温区宽度图

由图 9.8~图 9.11 可以看出，当换热面积为 6.81m² 时，浓度为 0.5%、0.6%、0.7% 和 0.75% 的甲烷在氧化床中氧化时，氧化床均能达到循环准稳态，氧化床的高温区宽度都不再发生变化。

图 9.12 显示了甲烷浓度对氧化床高温区宽度的影响。从图中可以看出，当换热面积保持不变时，随着甲烷浓度的增加，高温区宽度逐渐增加。这是因为甲烷浓度越高，燃烧反应放出的热量越多，使用同一换热器进行取热时，氧化床内积累的热量越多。

(二) 甲烷浓度对换向时间的影响

图 9.13 显示了不同甲烷浓度对应的气体流动的换向时间。从图中可以看出，随着甲烷浓度的增加，换向时间逐渐缩短，这是因为甲烷浓度越大，氧化床内高温区宽度越大，氧化床轴向距离为 0.6m 或 1.5m 处达到 600℃ 所需要的时间就越短。

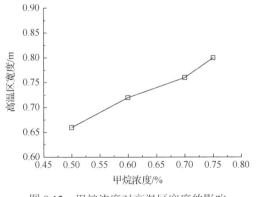

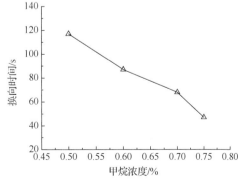

图 9.12　甲烷浓度对高温区宽度的影响　　　　图 9.13　甲烷浓度对换向时间的影响

四、入口表观速度不同时氧化床轴向温度分布和换向时间的确定

(一)入口表观速度对氧化床轴向温度分布的影响

图 9.14～图 9.18 显示了入口表观速度对氧化床轴向温度和高温区宽度的影响。氧化床甲烷浓度为 0.5%，入口温度为 300K，蜂窝陶瓷孔隙率为 0.75，换热面积为 5.73m^2，氧化床入口表观速度分别为 0.45m/s、0.5m/s、0.55m/s、0.6m/s 和 0.65m/s。

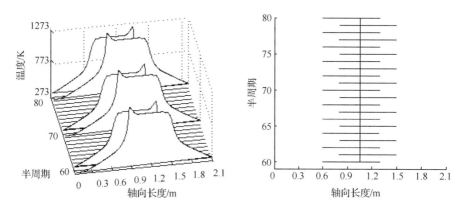

图 9.14   入口表观速度为 0.45m/s 时氧化床的轴向温度分布和高温区宽度图

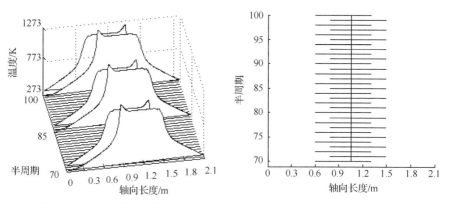

图 9.15   入口表观速度为 0.5m/s 时氧化床的轴向温度分布和高温区宽度图

从图 9.14～图 9.18 可以看出，当换热面积为 5.73m^2，氧化床入口表观速度分别为 0.45m/s、0.5m/s、0.55m/s、0.6m/s 和 0.65m/s 时，氧化床高温区宽度随着时间的进行都不再发生改变，说明在各个入口表观速度下氧化床均可达到循环准稳态

图 9.19 为氧化床高温区宽度随入口表观速度的变化。从图中可以看出，氧化床入口表观速度越高，高温区宽度越大。这是因为入口表观速度越高，甲烷的质量流量越高，在一个周期内燃烧反应放出的热量越多，因此，高温区宽度越大。

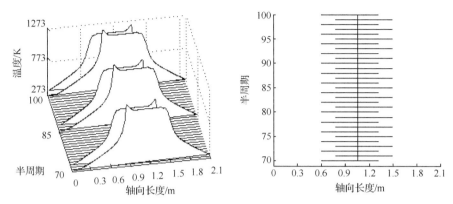

图 9.16 入口表观速度为 0.55m/s 时氧化床的轴向温度分布和高温区宽度图

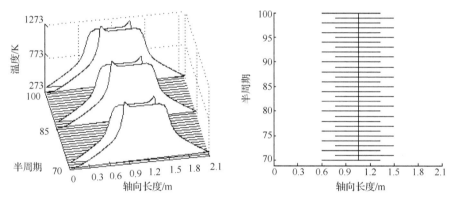

图 9.17 入口表观速度为 0.6m/s 时氧化床的轴向温度分布和高温区宽度图

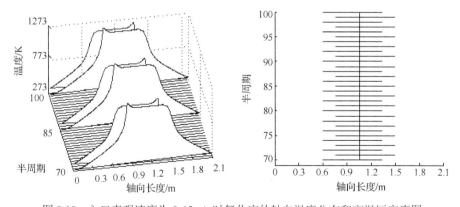

图 9.18 入口表观速度为 0.65m/s 时氧化床的轴向温度分布和高温区宽度图

（二）入口表观速度对换向时间的影响

图 9.20 为不同入口表观速度对应的气体流动的换向时间。

从图中可以看出，随着入口表观速度的增加，换向时间逐渐缩短。这是因为入口表观速度越大，氧化床内高温区宽度越大，氧化床轴向距离为 0.6m 或 1.5m 处达到 600℃所需要的时间就越短。

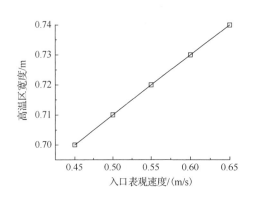

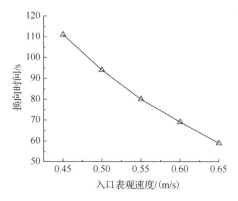

图 9.19　入口表观速度对高温区宽度的影响　　图 9.20　入口表观速度对换向时间的影响

第三节　一种先进的气流换向控制方法

一、气流换向控制的目的和技术方案

本方法的目的就是要弥补原有控制方法的缺陷，创新性地提供一种煤矿乏风瓦斯热逆流氧化装置的气流换向控制方法[6]。

本方法将达到以下有益效果。

(1)保证甲烷氧化所需要的氧化床高温区最小长度，因此甲烷氧化率高。

(2)保证氧化床稳定运行所需要的氧化床中心区域最小蓄热量，提高氧化装置自动运行稳定性。

(3)对进出口气体温差进行控制，避免氧化装置排出气体带走过多的热量。

本方法的技术方案如下。

电控单元利用在氧化床中心区域沿着气流方向均匀布置的若干热电偶及布置在氧化床进出口两端的两个热电偶采集的数据，计算氧化床中心区域内测量值大于等于 900℃的热电偶所在小区域长度之和、氧化床中心区域的轴线蓄热量、氧化床进出口气体温差，并根据计算结果判断是否换向，如果需要换向，电控单元向换向阀输出信号，切换气体流动方向。

本方法的特征之一在于根据甲烷氧化所需要的氧化床高温区最小轴向长度来控

制气流换向。甲烷被加热到 900℃以上，经过一定时间后才能完全氧化。在给定的气体流速下，对应甲烷完全氧化，氧化床温度大于 900℃的区域有一个最小轴向长度。利用在氧化床中心区域沿着气流方向均匀布置的若干热电偶测量每个热电偶所在小区域的温度。如果温度大于等于 900℃的小区域长度之和 $\sum x_i\mid_{T\geqslant 900℃}$ 大于等于甲烷氧化所需要的氧化床高温区最小轴向长度，则可以保证甲烷完全氧化；如果 $\sum x_i\mid_{T\geqslant 900℃}$ 小于这个高温区最小轴向长度，电控单元向换向阀输出信号，切换气体流动方向。

　　本方法的特征之二在于同时根据氧化床稳定运行所需要的氧化床中心区域最小轴线蓄热量来控制气流换向。氧化床中心区域的蓄热量可以用式(9-2)计算：

$$Q_C = YZ\sum_{j=1}^{n}(T_j \cdot \rho_j \cdot C_{Vj} \cdot x_j) \tag{9-2}$$

式中，Y 为氧化床中心区域宽度；Z 为氧化床中心区域高度；ρ 为密度；C_V 为比热容；n 为氧化床中心区域的热电偶数量。

　　一般来说，氧化床中心区域采用同一种蓄热材料，ρ 和 C_V 相同，因此，氧化床中心区域的蓄热量可以用轴线蓄热量来表示。氧化床中心区域的轴线蓄热量可以用式(9-3)计算：

$$Q_{CX} = \sum_{j=1}^{n}(T_j \cdot x_j) \tag{9-3}$$

　　在氧化装置工作过程中，氧化床中心区域的温度分布在不断变化，其轴线蓄热量也在不断变化。当温度场以氧化床中心为中心呈对称分布时，氧化床中心区域的轴线蓄热量达到最大值；当温度场的高温区偏离氧化床中心时，氧化床中心区域的轴线蓄热量逐渐降低。如果氧化床中心区域的轴线蓄热量降低到氧化床稳定运行所需要的氧化床中心区域最小轴线蓄热量，电控单元向换向阀输出信号，切换气体流动方向。

　　本方法的特征之三在于还要根据氧化床进出口气体的温差来控制气流换向。氧化床出口气体温度过高，说明排出的气体带走的热量较多，不利于氧化床稳定运行。因此，当进出口气体温差大于规定值时，进行气体流动换向。

二、气流换向控制的具体步骤

　　本方法具体包含以下步骤。

　　(1)气流换向计时。

　　(2)判断气流换向的计时是否大于等于规定的最小换向时间，如果否，重复执行步骤(2)；如果是，执行步骤(3)。

　　(3)采集热电偶的测量数据。

　　(4)判断热电偶测量值 T 是否在正常范围内，如果否，报警并中断气流换向控制自动运行；如果是，执行步骤(5)。

(5)根据公式 $\sum x_i \big|_{T \geqslant 900℃}$，计算氧化床中心区域内测量值大于等于 900℃的热电偶所在小区域长度之和，其中 x_i 为每个热电偶所在小区域的长度。判断 $\sum x_i \big|_{T \geqslant 900℃}$ 是否大于等于甲烷氧化所需要的氧化床高温区最小轴向长度，如果是，则可以保证甲烷完全氧化，执行步骤(6)；如果否，电控单元向换向阀输出信号，切换气体流动方向，计时清零，执行步骤(1)。

(6)根据公式 $Q_{CX} = \sum_{j=1}^{n} (T_j \cdot x_j)$，计算氧化床中心区域的轴线蓄热量，其中 n 为氧化床中心区域沿着气流方向均匀布置的热电偶数量。判断 Q_{CX} 是否大于等于氧化床稳定运行所需要的氧化床中心区域最小轴线蓄热量，如果是，则可以保证氧化床稳定运行，执行步骤(7)；如果否，换向阀在电控单元控制下进行气体流动换向，计时清零，执行步骤(1)。

(7)判断进出口气体温差是否小于等于允许的最大气体温差。如果是，执行步骤(3)；如果否，换向阀在电控单元控制下进行气体流动换向，计时清零，执行步骤(1)。

换向控制框图如图 9.21 所示。

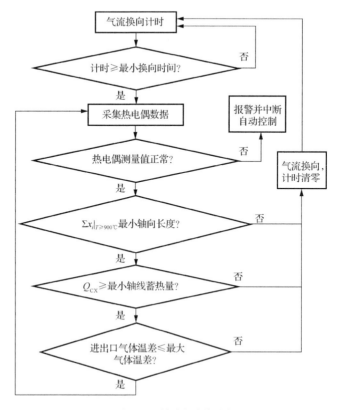

图 9.21　换向控制框图

参 考 文 献

[1]　和蒙蒙. 取热对热逆流氧化装置运行特性影响的研究. 淄博: 山东理工大学, 2012.

[2]　和蒙蒙, 刘瑞祥, 刘永启, 等. 蜂窝陶瓷蓄热体中的辐射传热. 陶瓷学报, 2012, 33(3): 284-288.

[3]　LEE S T, TSAI C H. Numerical investigation of steady laminar flame propagation in a circular tube. Combustion and Flame, 1994, 24: 484-490.

[4]　LIU R X, LIU Y Q, GAO Z Q. Methane emission control by thermal oxidation in a reverse flow reactor. 2nd International Conference on Bioinformatics and Biomedical Engineering, 2008: 3952-3955.

[5]　GOSIEWSKI K, WARMUZINSKI K. Effect of the mode of heat withdrawal on the asymmetry of temperature profiles in reverse-flow reactors. Catalytic combustion of methane as a test case. Chemical Engineering Science, 2007, 62: 2679-2689.

[6]　刘永启, 刘瑞祥, 高振强, 等. 煤矿乏风瓦斯热氧化装置的气流换向控制方法: CN200910256580.X. 2009-12-30.